原来色彩可以这样玩

看设计师如何将色彩引入室内

陈牧霖　著

江苏凤凰科学技术出版社

开篇语

　　大自然花开花落，潮涨潮退，日出日落，四季更迭，色彩无处不在又千变万化。或欣荣华美如牡丹花开，或萧瑟冷清如古镇青灰，有时热情似火如三月骄阳，有时秀丽幽静如江南烟雨，有时高昂豪迈，有时低吟浅唱。

　　色彩没有国界，但不同国家的色彩文化有别；色彩没有美丑，但每个色彩有其独特的属性；为什么黄色天生明度高，紫色却天生明度低？好比有人天生性格外向，有人却天生性格内敛。色彩世界跟人的世界一样，值得探索与发现。

　　给色彩起个名字，是为了更好地理解色彩的不同，但对于同一个色彩名字，不同的人可能有不同的联想。在数千万种颜色中，纯色数量仅占少数，更多颜色是你中有我我中有你，它们极其复杂，表里不一，常常在外色相之下潜伏着不止一种颜色，有时两三种，有时甚至六七种。如果您无法熟练地辨认色彩的变化规律，敏锐地从色彩表象中抽身而出进而剖析色彩的实相，您会很难自如随心地将色彩和谐地组合在一起。

　　大多数人都曾有过以下的经历：当我们膜拜大自然景观时或在观摩大师的作品时（无论是现场还是通过不同媒介），思考很久的问题会茅塞顿开，瞬间获得极有冲击力的灵感启示，于是我们信心满满地着手将所看见的画面引入自己的作品，结果呢？一塌糊涂！那些曾经以为效果一定非常完美的配色方案，却在我们的手中失败，让我们不敢再相信自己的眼睛。

　　不敢再相信自己的眼睛——却可能是您跟色彩建立关系的开始！

　　色彩与光密切相关，没有光就没有色。在色彩的世界里，像纯红与纯蓝那样"久经沙场面不改色"的颜色很少，它们可以经受得起很多种色彩角色的互换而仍能保留强烈的本色，但绝大多数颜色都跟人一样是环境的产物，会随着环境色的变化而发生变化，比如往纯黄里稍多加入一点黑白灰，本色就会变得遥远而含糊。

　　"不敢再相信自己的眼睛"并非从此不看了，相反，成功的色彩运用必须从"看懂"开始。我们需要跟随时代的步伐，借助科学的色彩理论和色彩工具，了解色彩与风格、色彩与时代的变化轨迹，善用眼睛细看、细辨，直到扎实地掌握好色彩的基本理论知识，而非仅仅依靠某个时刻的色彩感觉或领悟。

　　美国当代著名水彩画家斯蒂芬·奎勒（Stephen Quiller）说过的一段话同样适用于如何将色彩引入室内的学习者：

　　"我坚信扎实的色彩理论基础是艺术家建立自我表达所不可或缺的。艺术家对诸如色彩混合、色彩之间的关系、色彩纯度和明度、色彩如何影响色彩、色彩的情感内涵、主导色的创建及色彩如何影响我们的眼睛这类基础知识，我们了解得越多，就越能运用色彩表达我们内心真正想说的。而情绪、情感、氛围、光线质量、结构和精准的主题渲染，皆由这些知识的娴熟掌握而来。这需要付出大量的时间及持续不断地学习，通过我自己多年的实践及对艺术史上各个时期的美术运动及伟大画家的了解，我更加确信所有这些努力都是值得的！"［译自斯蒂芬·奎勒著《色彩选择：从色彩理论中找到色彩感》（Color Choices: Making Color Sense out of Color Theory）］

陈牧霖

目录

第一章　色彩三维

色彩与设计的关系好比物体的形状与纹理，是一种自然的视觉特点。

色彩影响人对空间结构、维度和品质的感知，也影响人的感觉和行动方式，通过色彩家族、色彩纯度和色彩明度来体验色彩的三维。

一、色彩家族

为了更直观地讲解色彩的属性，剖析色彩之间的关系，我们运用国际上通用的色彩工具——色轮来展开论述应该是最科学、简易的方法。最早出现的色轮版本是由法国科学家米歇尔·谢弗勒尔（Chevreul）于 1861 年制作，在色彩被当成一门学科来研究长达近两个世纪后的今天，色轮已经有了广泛的应用，也出现了各种各样的版本，甚至每个色彩公司或色彩艺术工作者都可以根据色彩的基本原理制作专属的色轮，不过在阐述色彩逻辑关系的原理上都是相通的。比如美国 Color Wheel（色轮）公司发行的色轮有正面和背面，分别用符号和文字标明色彩的变化规律及几种基本色彩搭配原理，既适用专业人员也适用业余色彩工作者。

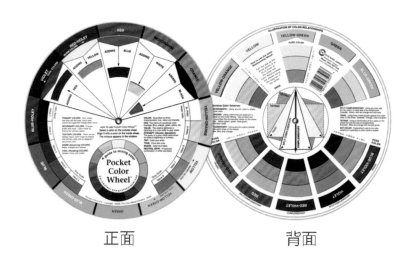

正面　　　　　　　　　　背面

但对部分中国读者来说它可能显得过于复杂，相比之下美国 Sensational Color（极为美妙的色彩）色彩机构制作的色轮显得更为直观易懂。

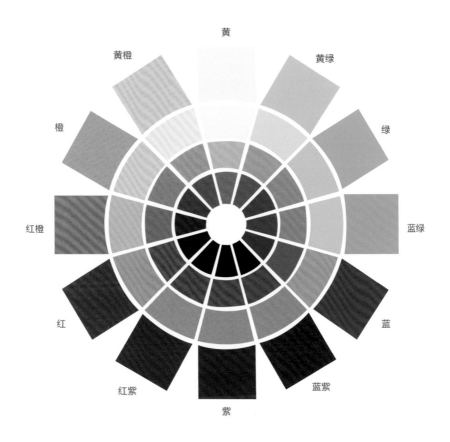

美国 Sensational Color 色轮

让我们再来深入了解一下色轮：

（1）色轮由十二个有代表性的色彩家族组成，它们分别是原色家族：红、黄、蓝；二次色家族：绿、紫、橙；三次色家族：黄绿、蓝绿、蓝紫、红紫、红橙、黄橙。

（2）如果将色轮比喻成一个圆形的时钟，原色家族分别处于 12 点方向（黄）、4 点方向（蓝）和 8 点方向（红）的位置。

二次色家族成员是由原色与原色相混合而成，黄与蓝混合出绿，蓝与红混合出紫，红与黄混合出橙。

三次色家族成员是原色与二次色相混合而成，黄与绿混合得出黄绿色，蓝与绿混合得出蓝绿色等，然后再通过加白、加灰或加黑的方式改变色彩的明暗值，从而得出无数种色彩。

（3）色轮根据色彩的纯度变化规则分为四个圈，最外围的一圈颜色称为纯色，指未经加兑任何白、灰、黑的颜色；第二圈的颜色称为加白色，指在纯色里加兑了 50% 的白色；第三圈的颜色称为加灰色，指在纯色里加兑了 50% 的灰色；最里面小圆圈的颜色称为加黑色，指在纯色里加兑了 50% 的黑色。

需要注意的是，色轮是色彩关系的指引工具，色卡是配色与选色的主要工具，因为色轮只有 48 种颜色，而色卡的颜色可以达到成千上万种。色轮和色卡是设计师最常用的两种工具。

二、色彩纯度

色彩纯度指一个色彩的鲜明程度。一个色彩的最高纯度是指它未经加入任意的黑与白，称纯色。改变一个色彩的纯度可以通过加入黑或白，使它变得不再那么鲜明，甚至变成中性色；也可以通过加入该颜色的对立色来改变一个色彩的纯度。暖色和高纯度的颜色给人的视觉感是积极、兴奋；冷色和低纯度的颜色使人感觉节制、放松。

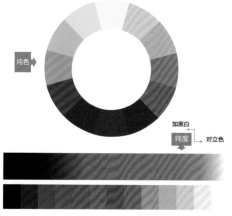

色彩纯度变化示意

三、色彩明度

色彩明度指运用黑与白让一个色彩变明或变暗的程度，简单地说是指一个色彩的灰度。

一个色彩的明度可以通过加入白色不断上升，也可以通过加入黑色不断下降。纯色本身也具有不同的明度，比如在色轮的十二个纯色当中，黄色的明度最高，而紫色的明度最低。见如下红、黄、蓝、绿、橙、紫六色的天生明度比较图。

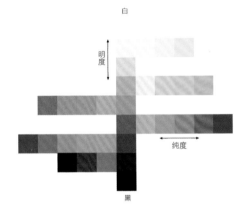

黄色明度接近白，紫色明度接近黑

明度被称为学习色彩的"任督二脉"，甚至有人说理解了色彩的明度就等同于理解了色彩本身，足见辨识色彩明度的重要性。一个天生明度高的颜色可以通过加黑得出更多明度低的颜色，一个天生明度低的颜色可以通过加白得出更多明度高的颜色。

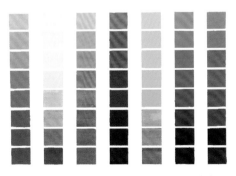

灰、黄、橙、红、绿、蓝、紫的明度变化

有些颜色的色彩延伸范围比较受限，比如黄色只需经过加入不多的黑色就会迅速失去它原有的色彩特征而变得更像黑色，但有些强大的颜色，比如红色和蓝色，它们在不断增加黑色比例后仍能保留自身的色彩特征。

高明度的色彩使人感觉开朗愉快；中间明度的色彩更容易与人相处（也是室内用色最多的）；低明度的色彩显得深沉严峻。

四、关于色温

1. 定义

色彩温度简称色温。颜料色温与光的色温含义不同，前者指的是一种视觉上的心理感受，后者指的是不同光源的色彩品质（详见第五章《色彩与光》）。

2. 分类

颜料色温基本分成暖色与冷色两种：

暖色：指黄、橙、红，或占以上色彩比例 75% 以上的色彩。

冷色：指绿、蓝、紫，或占以上色彩比例 75% 以上的色彩。

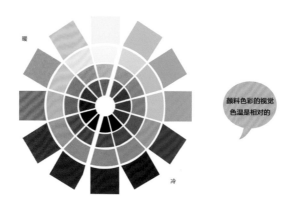

在色轮中划一根白线，白线左边的颜色归为暖色，白线右边的颜色归为冷色

　　色彩的冷暖是相对的，比如绿色和黄绿色都归为冷色，但黄绿比绿要暖些；蓝色和蓝紫色也属冷色，但蓝紫要比蓝暖些。下图的红蓝色卡图，从燃烧的篝火红到清凉的海风蓝是色温的递减变化过程。

红蓝色卡

3. 如何给颜色加温、减温

　　（1）加温：冷色变暖色加红；暖色变更暖加黄。

　　（2）减温：暖色变冷加白或加蓝；冷色变更冷加白。

4. 冷暖色的主要特征

　　（1）暖色的主要特征：视觉向前、空间变小、先被看见、积极快乐、温暖舒适。黄色是最暖的暖色，橙色是最持久的暖色。

　　（2）冷色的主要特征：视觉后退、空间变大、宁静放松、更适合正式场合。冷色可以更好地凸显单品，其中蓝色是最冷的颜色。

暖色　　　　　　　　　　　　　　　　　　　　　　　　　冷色

第二章　九种经典色彩搭配指引

无论根据怎样的喜好、理念、氛围将各种色彩组合在一起，和谐始终是关键。

对色彩三维的立体理解有助于我们构建生动的色彩关系，实现静态和谐或动态和谐，邻近色搭配关系或对比色搭配关系，都能把握好视觉的平衡、流畅、愉悦。接下来要谈的九种色彩搭配指引，是以色轮为使用基础、经前人不断实践总结所得出的。因此其配色方式通常符合大多数人的色彩心理需求，看似九种但其实可以演变出无数种。扎实掌握了这几种配色方式的基本功之后，您会发现某一天自己能达到完全跳脱相关规则、实现自由配色的新境界。

一、单色配色方案

1. 定义

单色配色方案指在同一个色彩家族中引出不同明度的颜色所构建起来的配色方案。

2. 可行性

用同一种颜色的不同变量赋予色彩整体感，简单、连贯、容易实现、和谐。可以选出一个在明度或纯度上与主色拉开较大距离的颜色作为焦点，借以营造空间的视觉趣味性。

3. 什么时候用

您希望营造一种有凝聚力的空间感觉，特别是当很多细碎的东西堆放在一起时，极需要有根线将它们有序地整合在一起，颜色就是一个快捷而有效的方法。单色配色方案能化细碎为整体，对于色彩初学者来说也最能锻炼其辨色能力，通过单色配色方案的搭建能充分观察同一色彩的明度和纯度变化，找出理想的搭配规律。

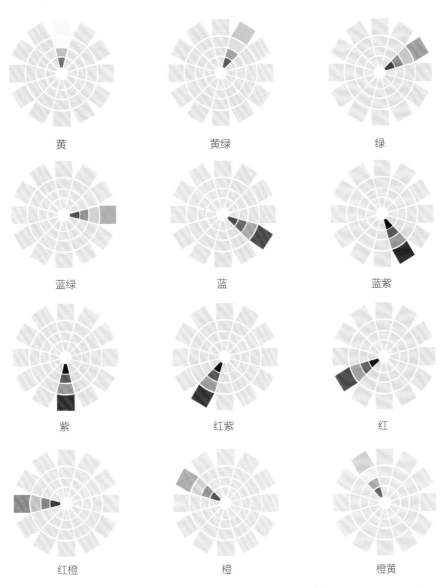

12 种单色配色方案（Sensational Color）

在 12 种单色配色方案中，紫色和绿色是最理想的选择，因为它们都是冷暖结合的色彩，紫是红加蓝，绿是黄加蓝。

绿色系　　　　　　　　　　　　　　　　　　紫色系

由不同绿色搭配成的客厅

由不同紫色搭配成的客厅

二、跳色配色方案

1. 定义

跳色配色方案是指在色轮中相隔一个颜色的两个颜色相结合组成的配色方案。

2. 可行性

跳色的组合有两种：一种是一个原色加一个二次色，另一种是由两个三次色组合。它们之所以能够构建和谐关系，是因为两者其实有"共亲"，比如黄色和绿色合适，因为绿色本身就含有黄色。又比如蓝紫色和红紫色，两者共享紫色。相比单色配色方案，跳色更显活泼。

3. 什么时候用

跳色本身的跨度不大却要比单色有更多的可变化性，在色温的冷暖上也可以营造更丰富的体验。如果想营造一个色彩简单但活泼的空间，跳色方案是一个好的选择，比如黄和绿，红和紫，明显具有色彩的上下属关系，容易达成和谐共识。

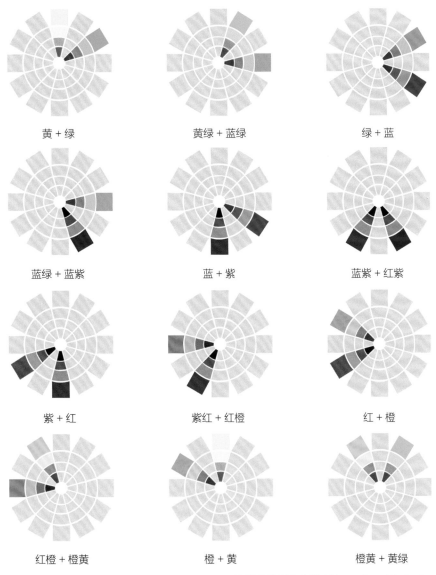

12 种跳色配色方案（Sensational Color）

黄 + 绿   紫 + 红

三、邻近色配色方案

1. 定义

邻近色配色方案是由色轮中三个或更多（通常不超过四个色彩家族）并肩相连的色彩构建而成的配色方案。

2. 可行性

通常各种颜色都是你中有我、我中有你，比如蓝绿色、蓝色和蓝紫色，三者都含有蓝色，因此更容易实现和谐流畅。

需要注意的是，无论选择哪种配色案例，一定要有主色、次色和点缀色之分，并且色彩明度的结合要有高、中、低的层次。

3. 什么时候用

想实现色彩丰富但又要追求色彩整体感时，邻近色配色方案是一个好选择。这取决于邻近色关系的本质：它们彼此相邻，早已传承了你中有我、我中有你的色彩内涵，比如红橙 + 橙 + 黄橙，比如蓝紫 + 紫 + 红紫，这种关系能让搭配方案更具方向感。

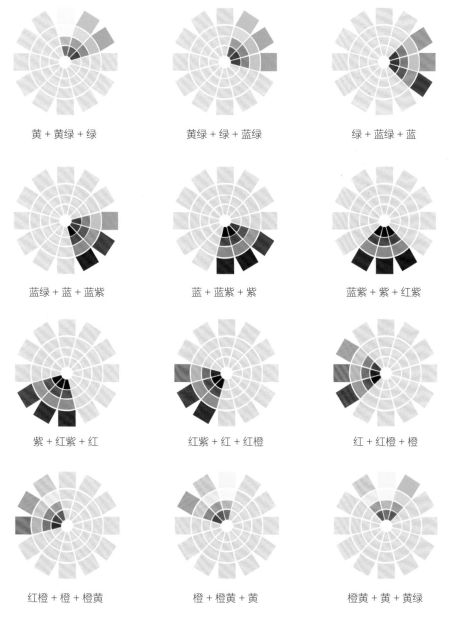

黄 + 黄绿 + 绿　　　　　黄绿 + 绿 + 蓝绿　　　　　绿 + 蓝绿 + 蓝

蓝绿 + 蓝 + 蓝紫　　　　　蓝 + 蓝紫 + 紫　　　　　蓝紫 + 紫 + 红紫

紫 + 红紫 + 红　　　　　红紫 + 红 + 红橙　　　　　红 + 红橙 + 橙

红橙 + 橙 + 橙黄　　　　　橙 + 橙黄 + 黄　　　　　橙黄 + 黄 + 黄绿

12 种邻近色配色方案（Sensational Color）

蓝紫 + 紫 + 红紫

黄绿 + 蓝绿 + 蓝

黄 + 黄绿 + 蓝绿

四、直接互补色配色方案

1. 定义

直接互补色配色方案是由色轮中直接对立的一组颜色组成的配色方案，比如红和绿，蓝和橙，黄和紫。有人戏称它们为"爱恨交加"的色彩关系。但的确它们拥有彼此照亮的关系，而且直接对立色能调和出很生动的中性色。

2. 可行性

直接互补配色很容易实现冷暖平衡，因为每组都由一个冷色和一个暖色组成，所以容易形成色彩张力，激发人的好奇心，吸引人的注意力。不过在这种配色方案中要适当调整其中一个色彩的明度和纯度，以免造成彼此相等从而相争的关系。如用亮红搭配灰绿。

3. 什么时候用

如果你想突显空间的色彩效果，特别是向往对立色彩关系营造的效果，又或者想达到一种使人的注意力同时关注多处而非仅聚焦于某一处的效果，对立互补色就是好的选择。

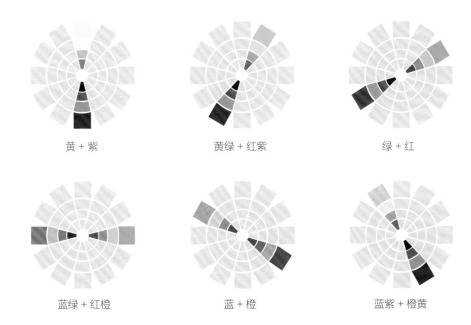

黄 + 紫　　　　　　　黄绿 + 红紫　　　　　　　绿 + 红

蓝绿 + 红橙　　　　　　蓝 + 橙　　　　　　　蓝紫 + 橙黄

6 种直接互补色配色方案（Sensational Color）

蓝 + 橙　　　　　　　　　　　　　　　　红 + 绿

五、分裂互补色配色方案

1. 定义

分裂互补色配色方案是指色轮里任意一个颜色与其直接互补色旁边的两个颜色所组成的配色方案。

2. 可行性

分裂互补色是沿着直接互补色的步伐向前又迈出一步，它比直接互补色多了一种颜色选择，也同样容易形成色彩张力，激发人的好奇心，吸引人的注意力。

3. 什么时候用

相对直接互补色配色方案而言，分裂互补色具有一点"曲线救国"的意味。比如说想强调空间的色彩效果但不想只局限于两个颜色，又或者感觉直接对立互补色的碰撞过于直接、不够巧妙，那么分裂互补色就会是一个适合的选择。

红 + 蓝绿 + 黄绿

蓝绿 + 橙 + 红

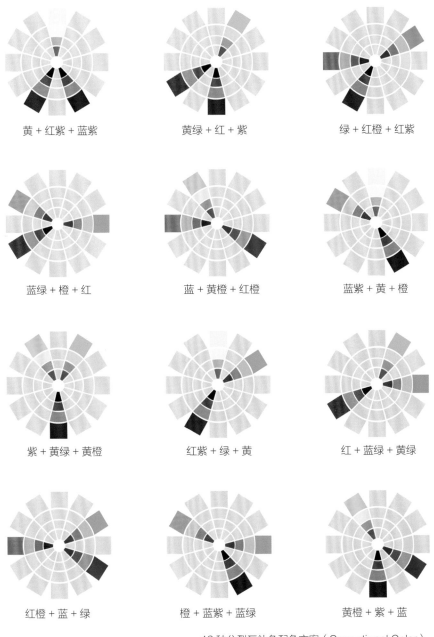

黄 + 红紫 + 蓝紫　　　　黄绿 + 红 + 紫　　　　绿 + 红橙 + 红紫

蓝绿 + 橙 + 红　　　　蓝 + 黄橙 + 红橙　　　　蓝紫 + 黄 + 橙

紫 + 黄绿 + 黄橙　　　　红紫 + 绿 + 黄　　　　红 + 蓝绿 + 黄绿

红橙 + 蓝 + 绿　　　　橙 + 蓝紫 + 蓝绿　　　　黄橙 + 紫 + 蓝

12 种分裂互补色配色方案（Sensational Color）

六、三等分互补配色方案

1. 定义

在色轮里形成等边三角形关系的颜色组合在一起，称为三等分互补配色方案。

2. 可行性

非常活跃的配色方案，适合大房子。即使不熟悉色轮原理或色彩理论的人，也会觉得这样的三种颜色组合在一起时是平衡的，比如红、黄、蓝，绿、紫、橙，或红紫、蓝绿、黄橙，色彩的把控更复杂但效果也更能引人入胜。

3.什么时候用

就像蒙德里安的红黄蓝那样的魔性，当您想要色彩突显秩序感、结构、韵律这样复杂多变却直接纯粹的效果时，三等分就是很好的选择。

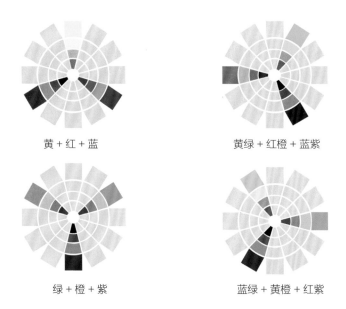

黄 + 红 + 蓝　　　　　　黄绿 + 红橙 + 蓝紫

绿 + 橙 + 紫　　　　　蓝绿 + 黄橙 + 红紫

4 种三等分互补配色方案（Sensational Color）

两个客厅都属黄 + 红 + 蓝配色方案

左图几乎三个色彩都以纯色出现；右图的黄和蓝则接近中性色，仅让红色以纯色出现

两个客厅都属于绿 + 橙 + 紫配色方案

左图以橙为主，紫为辅，绿为点缀；右图以绿为主，紫为辅，橙为点缀

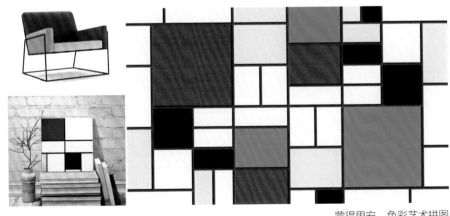

蒙得里安　色彩艺术拼图

七、四合一配色方案

在色轮里由四个颜色形成正方形或长方形关系的配色组合，统称四合一配色方案。其原理及可行性与三等分互补配色方案非常相似。

1. 三种正方形四合一配色方案

黄 + 蓝绿 + 红橙 + 紫

黄绿 + 蓝 + 橙 + 红紫

蓝紫 + 红 + 绿 + 黄橙

三色轮图（Sensational Color）

黄绿 + 蓝 + 橙 + 红紫

2. 三种长方形四合一配色方案

黄＋蓝＋橙＋紫　　　　黄绿＋蓝紫＋黄橙＋红紫　　　蓝绿＋红紫＋黄绿＋红橙

三色轮图（Sensational Color）

蓝绿＋红紫＋黄绿＋红橙

色彩缤纷的艳丽空间，白色的墙面与深色的地板既让彩色家具尽情表现色彩的美丽，同时又能将空间的色温平衡下来满足居家需求

八、 双重互补色配色方案

双重互补色配色方案即由两线直接对立互补色相组合构成的配色方案，在色轮里正好成 X 型。可行性跟四合一配色方案相近。

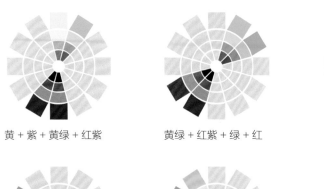

黄＋紫＋黄绿＋红紫　　　　黄绿＋红紫＋绿＋红　　　　绿＋红＋蓝绿＋红橙

蓝绿＋红橙＋蓝＋橙　　　　蓝＋橙＋蓝紫＋黄橙　　　　蓝紫＋黄橙＋紫＋黄

6 种双重互补色配色方案（Sensational Color）

九、中性点彩配色方案

1. 定义

中性色配色方案会在第三章详细讲述，而"中性点彩"指的是以中性色为主背景，再注入彩色激活的一种配色形式，总体是在不改变中性色的基底氛围下为中性色的平实注入活力。

2. 可行性

中性色点彩配色方案跟单色配色方案的可行性是一样的。中性色的组合容易实现和谐，而且又更能突显点彩色的亮点，同时可弥补以安全感为主的中性色方案时间一长空易让人稍感腻烦的不足。

　　通过本章介绍可知，和谐色彩的三个要点是色温平衡、明度平衡与纯度和谐。

　　在配色过程中应避免时冷时热或过冷过热，明度高低太接近或太悬殊、纯度过于饱和或过于冷淡等都好比驾车时的"急刹车"现象，让乘客感觉不舒服。

蓝色点彩配色方案

红色点彩配色方案

第三章　如何做好中性色配色方案

　　中性色配色方案似乎永不过时，无论是传统风格的以米色为主，还是现代风格的以灰色为主，中性色配色方案总能在时尚中占领一席之地，可以说是应用最广泛的一种室内设计配色方案。但是，平凡不等于平庸，如果不了解中性色的基本搭配规则及中性色的时代内涵，很容易使家居空间变得压抑乏味。了解规则才能自如发挥，某种程度上可以说，中性色更讲究色彩搭配的层次感，更考验色彩运用者的辨色水平与时尚触感。

白－黑－灰－米－褐－奶油－棕，大自然中举目可见的中性色色盘

图片来源：深圳市戴勇室内设计有限公司（以下简称戴勇设计）·深圳华侨城欢乐海岸榿湾别墅

一、中性色的定义

1. 传统的定义

纯粹的中性色指白、灰、黑色，更广范围的中性色是将棕色包含其中。

图片来源：戴勇设计·深圳华侨城欢乐海岩檵湾别墅

2. 将介于白与米之间的颜色包含在中性色中

这个色度的名称种类繁多：奶油色、象牙白、米色、灰褐色（介于米色和灰色之间的一种颜色）、沙色、卡其色、石色，还有各种深浅程度不同的棕色。

图片来源：戴勇设计·深圳华侨城欢乐海岩楹湾别墅

3. 新中性色

当代国际概念的中性色大部分也不再是严格意义上的中性色，而通指那些带有一点彩色但不改变中性色主体的颜色，称为"新中性色"。这类中性色不仅让中性色更有热情，也让中性色配色方案表现得更出彩，各种变化微妙的新中性色深受人们喜爱。

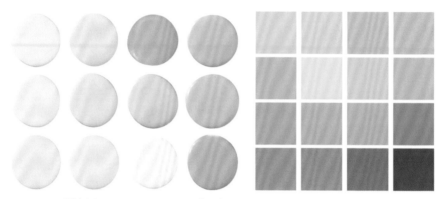

图片来源：Benjamin Moore 色彩与设计研发中心（以下简称 Benjamin Moore）

二、冷、暖调中性色

暖调中性色通常底色含有红、橙、黄；冷调中性色通常底色含有绿、蓝、紫。

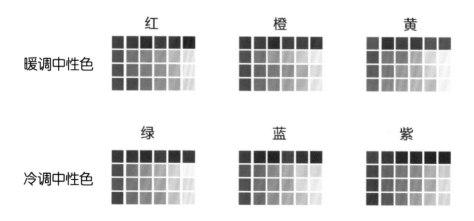

　　在以下的设计中，冷、暖调中性色完美结合，甜蜜巧克力布丁色墙面与樱桃红沙发让大气、时尚的现代办公空间散发出温暖与爱的人文气息。

图片来源：戴勇设计·深圳京基滨河时代广场办公室

三、创建中性色方案的三个要点

1. 稳重而有趣

中性色空间同样讲究生活的趣味，运用丰富的材质及丰富的纹理图案来体现生活的丰富及设计的深度。

（1）在设计中用丰富的材质与纹理让空间更富感知。

（2）在设计中通过对饰品的图案、家具的造型及不同的材料的综合运用，为中性空间增添趣味。

图片来源：戴勇设计·佛山华侨城天鹅湖

图片来源：戴勇设计·西安莱安逸珲 III

（3）在设计中，需严格把控好中性色底色的和谐。

因为很多织物都是带有一点彩色的中性色，专业术语称之为"色中色"（undertone），因此需仔细辨识空间所用的主色（通常指涂层或墙纸）与软装织物的颜色是否真正和谐，比如带绿底的冷灰墙面与带橙色的暖灰地毯就容易针锋相对，破坏中性色方案的和谐。如下的设计中棕色的壁柜、单椅皮艺、地毯与抱枕都出自橙色家族。

图片来源：戴勇设计·西安莱安逸珲 VI

2. 小心过多的白色和黑色会对中性色空间造成负能量影响

无论选择哪种配色方案，色温平衡始终是关键。可以运用中性色作为装饰基色，适当增添一些微妙的带彩中性色，增添居所的活力。

如下设计中地毯的彩绘纹理与装饰花卉为高级灰时尚空间增添俏丽生机。

图片来源：戴勇设计·惠州美泰名铸 II

3. 中性色配色方案是中性色的组合但非仅用一种中性色

为营造空间的层次与生机，需添加一些较浅或较深的中性色，只有生动的明暗度对比，才能避免中性色空间落入乏味无趣的结局。

图片来源：戴勇设计 · 深圳戴勇之家

图片来源：戴勇设计 · 深圳戴勇之家

四、创建中性色配色方案的技巧

做中性色配色方案的时候，可以将效果图转化成为黑白照片，在没有任何彩色干扰注意力的情况下，可以全身心地关注房间里光影的互动关系及察觉色彩构建的维度。如发现空间中某一区域的光影或图案过于集中混乱，或区域的明暗度对比过于悬殊而让人的眼睛感觉不适（就像急刹车给乘客带来的不适），最便捷的调整方式是运用织物或涂层材料实现转变，比如将一面墙涂刷成中间明度的中性色；使用沙发布包材料或添加一块中性色大块地毯（小块地毯会增添视觉杂乱），为过度集中的图案或悬殊的明暗对比架起一座过渡的桥梁。

下面的设计中，焦糖色玩具狗与椭圆结构的咖色家具，都是橙色家族的守望者，搭配在一起形成色彩层次，又与涂鸦式散线地毯及调皮的金杆灯罩共同减缓建筑空间的锐利感，创造轻松有趣的生活气息。

图片来源：戴勇设计·深圳湾公馆 E 户

五、"点彩"中性色配色方案

往中性色配色方案里加入一点真正的彩色，就好比往菜肴里加入一点香料。不需要加进很多，但所加进去的一定要让主题变得更有独特的味道。

下面设计中，焦点是墙上山水画下的孔雀蓝抱枕，不仅带有深度中性色的神秘感，也让米白色主调更有活力，为典雅的新中式空间勾画出一幅人与自然相融合的山水孔雀意象图。

实施"点彩"中性色配色方案过程中有以下两点考虑：

1. 中性色跟大多数色彩都能搭配，但属于同一个色彩家族的成员会更容易获得成功

例如下图中这个中性色色盘的可行性在于它们都含有黄色。

图片来源：戴勇设计·宁波城投江湾城

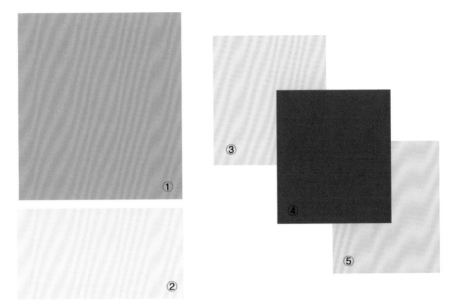

①墙面主色；　②修饰线用色；　③④⑤家具用色或饰品点缀色

下图中的 15 个冷中性色，选用任意一个作为空间主色都可用绿色作为方案的点彩色，因为它们都含有不同比例的绿色。

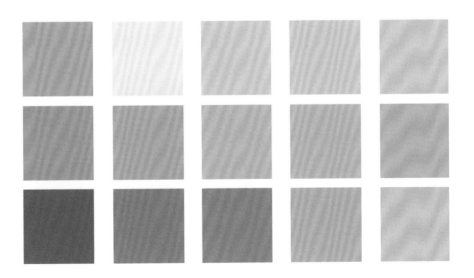

2. 在全白的中性色配色方案中加进一点彩色往往看起来更出彩

如在全白色中混搭进一点浅灰、蓝或绿，白色的背景使点彩色更能展示出它们最大的活力，即使一点点也会有出色的表现力。

图片来源：戴勇设计·深圳京基滨河时代广场办公室

图片来源：戴勇设计·深圳曦城别墅

　　总体而言，中性色配色方案能够获得大多数人的喜爱，与它不偏不倚、顾全大局的特点有关，比如说可以在整座房子的每个非开放式空间里加入不同的点彩色，既各有特色同时又主脉相连，也就是形散神不散的装饰效果。中性色配色方案也是搬家一族的首选，这个说法的前提是最好家中的主要家具能跟中性色相搭配，这样才能方便搬进新家后重新进行组合，迅速获得符合新家外观的装饰需求。同时它也相对经济，可以在较少的预算范围内获得"升级"，添加一些新的纺织品、艺术件或将墙面涂刷一遍，整个空间就能焕然一新。

从自然景观中获取点彩灵感可以运用于室内设计　图片来源：戴勇设计·深圳京基滨河时代广场办公室一角

第四章　如何辨识色中色

　　理解色中色是色彩运用的关键。无论是热情奔放还是宁静内敛，每个色彩都有它被公众认识的特点，但同时它们又有着许多隐藏很深的、人的肉眼不能马上辨认出来的特点。正因如此，色彩既让人万分喜爱又让人挫败抓狂。提升色彩应用品质、减少挫败感的有效办法之一是：学会理解"色中色"如何影响我们的眼睛。

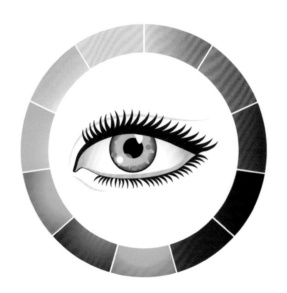

一、不要只相信自己的眼睛所见

　　人们很容易误认为色彩是非常直观的，通过眼睛就能看见一个色彩的真正特征。殊不知这极可能是个陷阱！因为除非您真的看得足够仔细，否则大多数色彩的真正个性通常都是隐而不露的，第一眼瞥见的只是色彩的主色调（Masstone），而色彩的色中色（Undertone）却可能极不明显。

　　就像人的性格有社会的一面也有自然的一面，在日常社会交往当中，自然性格好的一面通常不会马上表现出来，它需要通过时间与耐心来呈现或被发现。而色中色同样需要努力才能辨识出来，有时候真的是万般辛苦都看不出端倪，却又在出其不意的一瞬间发现真相。但如果对色中色不予重视，极可能会导致那些你原以为会相当完美的配色方案，到头来却令你空欢喜一场。

暖色　　　　　　　　　　　　　　　　　**冷色**

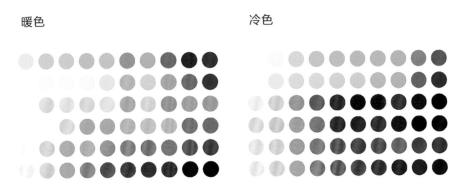

每个颜色会因为所含色中色的不同而产生不同的视觉效果

二、什么是色中色

简单地说，色中色就是"一个色彩潜伏在另一个色彩之下"。浮在色彩表面的主色调通常一眼就能被看见，但潜伏其下的色中色却要让您猜一猜。如下面图中三个物体都是蓝色但显然潜伏色不同。

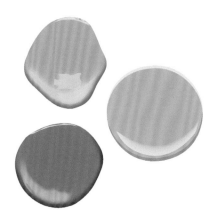

有些色彩的主色调跟潜伏色比较相似，有些则两者非常不同，猜一猜下图这个中性色潜伏着什么颜色？

如果感觉有困难，再来猜猜这个中性色的潜伏色是什么？

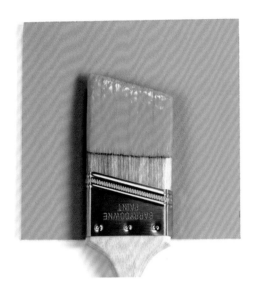

还有困难吗？那么将它们放到一起再来看看：

答案是：左图潜伏着紫红色，右图潜伏着黄绿色，不是吗？

再来看看两个颜色的上墙效果，就更能一目了然了。

俗话说"不怕不识货，最怕货比货"，颜色也适用这个道理。单独看某个颜色的色中色也许难度较大，但将它跟其他颜色放置在一起来看，辨识程度就可能容易许多。

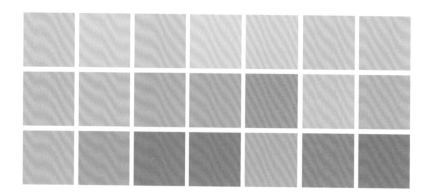

三、选择合适色中色的重要性

如何选择合适的色彩是重要的，如何选择含有合适色中色的色彩更为重要。

为什么"色彩看起来明明是对的、做出来的效果却是错的"？原因并非所选的主色调不对，而是主色调下潜伏的色中色发生了偏离，也就是所选择的那些色彩所含的色中色在各自针锋相对。

来看看这个客厅共有多少种直接映入眼球的颜色：

图左至右：①主体墙面；②窗帘；③扶手沙发；④艺术挂画；⑤主体沙发；⑥地毯；⑦地板

　　显然，主体墙面这个中性色里含有紫红色的色中色，它的色彩明度低于 50%，与明度较高的米黄色窗帘（约 70%）搭配还不错，灰紫被亮黄激活；而且这个组合能完全接纳并突显带有紫色色中色的黑色主体沙发。但是，那不勒斯蓝色扶手沙发的入侵却打破了它们的和谐，这个高纯度、低明度（约 12%）的颜色与主体沙发（明度为 4%）及深棕色地板（明度为 6%）一起，将优雅低调的主体色压得几乎没有喘息的余地。冷灰色地毯的添加更是雪上加霜。要知道这样一个传统的色盘根本无法接纳现代灰的混搭。

　　我们把空间运用减法原则，抽掉③号色、⑤号色和⑥号色，变成如下经典的色盘：

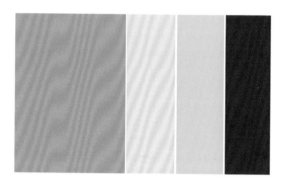

　　或者将⑦号主体色改为②号米黄色，同时抽掉⑦号色，变成一个较为现代的色盘：

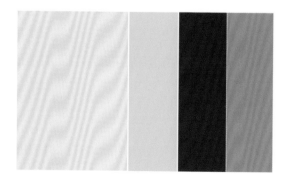

　　当然，改变搭配还会有更多更好的组合，但关键点是色彩的冷暖平衡、风格协调、主次逻辑不能混乱，这样才能创建出成功的色彩方案。

四、如何"侦破"色中色?

了解了色中色的重要性之后,接下来就是要学习如何"侦破"它。

资深的色彩师和设计师知道如何走出色中色的迷宫,但对初学者而言,辨认色中色最简单的方法是:将所选的颜色跟其他颜色放在一起来做比对。

(1)首先将所选的颜色与同一个色彩家庭的其他成员做比对。

虽然都属于同一个色彩家族,但你会发现它们之间所含有的色中色是不同的,例如一些蓝色含有更多的紫色,而另一些蓝色则含有更多的绿色。

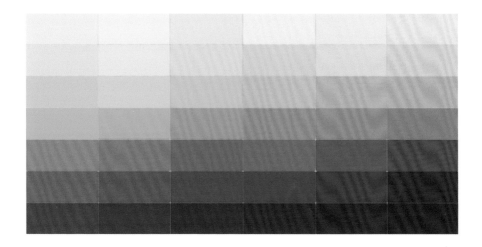

从下图中您能区分出深棕色地板里含有的红、紫、橙的色中色吗?

您能看见红/紫色吗?

（2）将所选的色彩样板与纯色做比对也是辨识色中色的一种办法。

如果把所选的蓝色跟一个纯蓝色放在一起对比，那么所含有的色中色就会呈现出来。说到白色，可能很多人会认为白色跟辨识色中色这个主题没什么关系。但以上比色技巧同样适用于白色。将以下白色跟放在中间的纯白色进行对比，它们会呈现出淡淡的黄色、红色或绿色的色中色。

Benjamin Moore 的 5 个白色

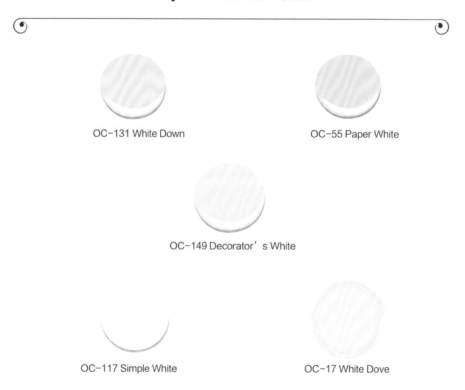

OC-131 White Down

OC-55 Paper White

OC-149 Decorator's White

OC-117 Simple White

OC-17 White Dove

五、最棘手的中性色

相对而言，中性色的色中色是很难辨识的。

可以按上面介绍的方法将不同的中性色放在一起比对，但这并不一定有效，中性色的色中色辨认是公认棘手的，可以采取如下的方法：将所选的颜色跟纯红、纯黄、纯蓝、纯绿、纯橙或纯紫色放在一起细看，如果中性色下方潜伏的是绿色，那么将它与纯红色做比对，因为红和绿是直接对立互补关系，放在一起它们会彼此强化对方，所以红色会很快将潜伏的绿色"比"出来。

也可以将这个中性色跟其潜伏色的纯色放在一起比对，例如含紫红色中色的中性色跟一个深紫红色放在一起。

中性色都含有色中色，通常米色会含黄、红／粉红、偶尔是橙；灰色会含蓝、绿或紫。

六、穿针引线 ——色中色的和谐贯穿

选择和谐的色中色可以说是打通成功配色方案的最好方法，特别是对涂料色彩的色中色辨识。这一点对室内设计师和涂料色彩顾问很关键，因为他们需要运用"色中色"这根针，将房间与房间的色彩贯穿起来，保证整体色彩视觉的流畅。

（1）设计师或涂料色彩顾问不仅要知道如何运用墙面的色中色与地毯、家具的颜色完美结合起来，还要熟练地运用色中色来重点突出或弱化一些家居内部的元素。比如柔和的橄榄绿能强化木家具或饰品的暖红，但棕褐色却会弱化同样的暖红。您需要根据自己想要的空间氛围来决定为木壁柜选择哪个颜色。

图片来源：Benjamin Moore

（2）如果业主内心喜欢彩色但不想要那种效果明显的色彩感，那么熟悉色彩属性的设计师会迅速找出一个潜伏着色中色的白或者灰来实现业主想要的效果，比如下图这个空间：墙面用的是微微带有一点绿的灰色（单独看色卡时会以为它是纯灰色），天花板则用了一个很浅的粉红色（这个色彩单独看的时候也接近白色）。然而将两个颜色结合在一起使用时，由于红与绿是天生对立互补的关系，它们在将空间轮廓突显出来的同时也突显了自身含有的色中色效果。而且粉色的天花板能巧妙地突显出四周精致典雅的线条造型，当明亮的阳光照射进来时，整个空间充满着浪漫、优雅、艺术的女性气质。

用色参考：Benjamin Moore HC-170（墙），2009-70（天花板）

　　美国著名色彩专家 Kate Smith 说："理解色中色等同于用色成功。"这是她研究色彩四十五年的一句总结语，也许能说明通过学习实现精确评估色彩及色中色的目标是非常值得的，它能为设计漂亮的空间打下扎实的基础。

第五章　色彩与光

色彩与光是相辅相成的，没有光就看不到色彩。一朵红花在阳光充沛的白天看起来色彩鲜艳，红花绿叶色彩对比鲜明；但同样这朵花在黄昏时看起来却颜色黯淡，红花与绿叶对比也不鲜明；到了夜晚更是归于无彩色状态。科学上称这种现象为"浦肯野效应"。

一、光与色彩的科学

自然光和人造光影响着我们观看和感知色彩的方式。将色彩作为一门特定研究学科是从欧洲启蒙运动时期开始的。

从前人们认为光是无色的，但 1666 年牛顿通过棱镜发现光里含有色谱。

通过光的折射牛顿发现光是由不同的波长组成，每种波长与不同的颜色相关联。

波长以纳米（nm）为单位，可视光谱范围为 400 ~ 700 nm，红色波长为 650 ~ 700 nm，紫色波长为 390 ~ 430 nm。

波 长 （ nm ）

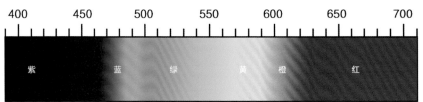

牛顿发现光的三原色是红、蓝、绿，将光学三原色等量加在一起，就产生白光。

光源的颜色是纯色，叠加在一起会越加越亮，故称之为加法混色。

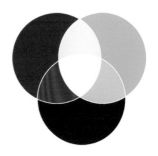

颜料的三原色是红、黄、蓝，包括染料、颜料、色素、化学染剂等。

颜料色不是纯色，又与环境色有关系，所以它们叠加起来会越加越暗，理论上三者混合后会变成黑色，故称之为减法混色。色轮作为一个重要的色彩应用工具，就是以减法混色原理为基础，通过减法混色演变出二次色，在原色与二次色之间演变出多种颜色，再通过加入黑色、白色变化出不同的色彩明度，从而延伸出无数种颜色。

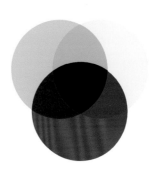

二、光的属性

1. 色温

色温指光源的色彩品质，以开尔文（K）为单位。通常认为，色温越高，光越偏冷；色温越低，光越偏暖。道理就好比当一个物体燃烧起来的时候，开始火焰是红色，随着温度升高变成黄色，然后变成白色，最后蓝色出现了。

不同光源的色温参考表

光源	色温
蜡烛	1850 K
白炽灯	2700 ~3300 K
办公照明灯，摄影泛光灯	3400 K
日光	5600 K
多云天的日光	6500 K

色温介于 2700 ～ 3200 K 的光源色品质是黄色，给人感觉是一种很暖的光；色温为 4000 ～ 4500 K 的光源色品质介于黄和白之间，感觉像自然光。

不同色温光源下的同一室内效果图

2. 色温的应用

冷白光：商店、车库 / 仓库、医院、办公室和商业建筑的安全照明及户外照明。

自然光：餐厅、大堂、办公室或卧室、厨房、浴室。

暖光：可用作装饰照明，如珠宝展示区、橱柜、展示柜。暖白光让人觉得愉悦舒适，也可用于酒店服务区或卧室、客厅、餐厅。

3. 色温与室内设计

正确的灯光颜色能提升房间的外观效果，营造室内氛围感。如淡黄的暖白光可以用来强化房间的黄色、橙色、红色和棕色；自然光或冷白光则可以强化房间的中性色、蓝色和绿色。

4. 显色指数（CRI）

光对物体的显色能力称为显色性。显色指数指物体在某种光源下相比标准光源所呈现出来的色彩精确度。显色指数越高，物体呈现的色彩就越丰富、饱满。一般来说，广谱光所含波长的质量比较均匀，因此能为所有颜色提供匀称的显色；窄谱光会让一些色彩看起来单一，缺乏色彩。

不同人造光源的显色指数参考表

光　源	显色指数
高压钠灯	25
暖白荧光灯管	55
冷白荧光灯管	65/85
豪华暖白荧光灯	70
日光色荧光灯	80
白炽灯	100

　　显色指数和色温是不同的测量法则，两种光源可以拥有相同的色温但显色指数可以完全不同。比如，氙气灯与水银蒸汽灯相比，它们的色温都是 5900 K，但氙气灯的显色指数是 100%，而水银蒸汽灯的显色指数却低于 20%。

同一个苹果在同等色温的光源下显色指数不同

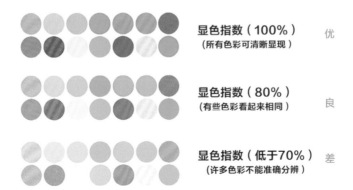

显色指数（100%）　　　　优
（所有色彩可清晰显现）

显色指数（80%）　　　　良
（有些色彩看起来相同）

显色指数（低于70%）　　差
（许多色彩不能准确分辨）

三排相同的颜色在不同光源下的显色指数

5. 自然光与人造光

日光被认为是一种理想的光源，有点偏蓝但暖冷光谱相对平衡。但一天之中的太阳光会不断变化，接近太阳升起和太阳下山时段，日光的色温约 3000 K，光色看起来更红；正午时分的日光色温接近 6500 K，看起来更蓝。日光一天之中的平均色温是 5600 K。

下图是同一室内处于直射自然光、非直射自然光和人造光源下的色彩呈现：

图片来源：Benjamin Moore

（1）直射自然光。被视为理想光源。北边的光最冷，南边的光最强烈，直射自然光能呈现空间最真实的颜色。

（2）非直射自然光。从太阳升起到落下，自然光不断地发生改变。热烈的金色光芒和神秘的阳光阴影都对空间色彩有着显著的渲染效果。

（3）人造光。白炽灯和卤素灯下的色彩显暖，能强化红色与黄色；荧光灯则让色彩显冷，突出蓝色与绿色，但让红色和黄色显得暗淡。

随着太阳光的强弱和照射角度的变化，房间的颜色也会改变。朝向不同，颜色选择也应不同：

朝南：高空光线能将冷、暖色的最好状态呈现出来，用深颜色会显得比实际明亮，用浅颜色会显得很有光泽。

朝北：自然光线凉爽，略带蓝色。用亮丽的颜色比柔和的好，浅颜色看起来会显得有些压抑。

朝东：正午前东边的光线是温暖的黄色调，但午后就开始转蓝。这种朝向的房间很适合用红色、橙色和黄色。

朝西：黄昏时分的光线很美很温馨，但在晨光时分就有阴影，令色彩显得比实际暗淡。

三、光与色彩的互动

无论是自然光、人造光还是烛光，每种光源都会改变色彩的呈现。而同时对比、同色异谱、色彩的光反射值也是光与色彩互动的常见现象。

1. 同时对比

人是处于环境中的，色彩也一样。除了光线的变化会影响人对色彩的感知，环境色同样是对色彩产生影响的关键因素。如果一个色彩周围有很多黑色或白色，就会让这个色彩看起来变浅或变深，产生前移或后置的视觉效果，这种现象称为"同时对比"，例如下图中同样一个黄色放置在不同背景色中会产生不同的视觉效果。

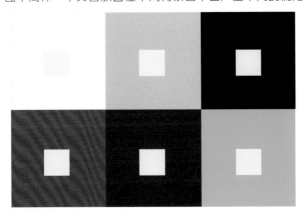

2. 同色异谱

两个颜色在某种光源下看起来相同，却在另一种光源下看起来不同，这种现象称为"同色异谱"。

同色异谱现象通常会在不同种类的物质材料上发生，比如说涂料产品和织物产品，涂料由颜料组成，织物用染料染成，在有些光源下同一个颜色的染料产品与颜料产品看起来色彩一致，但一旦转移到不同的光源下它们就会发生色彩转移。这种现象通常在一些较为相近的中性色、灰色、灰蓝色、灰绿色和紫色中发生。

下面左图的球体看起来色彩相同，而右图的却发生色彩转移颜色不同。

图片来源于网络

3. 色彩的光反射值

色彩的光反射值的英文全称为 Light Reflectance Value，简称 LRV，是一个光测量工具，用以测量颜色的光反射值及吸收量。

（1）最深的黑色 LRV 约 5%，最白的白色 LRV 为 85%。

（2）黄色的 LRV 测量值可以高达 80% 至 90%，是十二个色彩家族中反射值最高的颜色，因此大面积运用高纯度黄色的时候一定要注意，因为使用的面积越大，色彩的反射效果就会越突显。

（3）从优化环境学的观点来说，有效使用色彩 LRV 能创造出更成功的照明设计方案。高 LRV 的颜色能充分发挥空间的日光效能，减少对人造光的依赖。

（4）住宅室内空间的 LRV 通用建议为 50%，LRV 低于 50% 的色彩将吸收更多的光线从而变得更暗，而 LRV 高于 50% 的色彩会更亮从而反射值更高。

（5）商业空间相关的 LRV 推荐原则——大礼堂、教室、银行、大堂、博物馆和餐厅空间，建议使用 LRV 为 70% 的颜色。

LRV 在需要引入视觉对比的道路指引和障碍通道空间扮演重要角色。

（6）工业空间如仓库、工厂和航运设施的 LRV 推荐值为 65%。

自由视觉·色彩与光

第六章 选择室内配色方案需考虑的因素

　　以下是一个经典的红绿色直接互补色配色方案，真正让色彩与空间舞动起来，它们各自独立却又融合在一起。开笔就在前门运用鲜艳红色，激起人们的热情，同时将这一红色延展至后方客厅的家具和地毯，首尾呼应，为红色创建了最后的视觉落脚点。

　　再看绿色的运用：过道门框所用的墨绿色一直延伸至后方客厅的壁炉背景墙，两者之间还填充了一抹青翠的浅绿色。于是整个空间有两个相同的红色模块，又有两个深浅度不同的绿色模块，让人的视线游走于鲜丽色彩世界中却丝毫不觉得忙乱，特别要注意设计师对白色的充分运用（门拱、护墙板、廊柱、装饰线等），它为红与绿的争芳竞艳注入冷静与轻盈，从而创建了色彩平衡。

美国绿蔷薇酒店纵列门，多年来被誉为美国最值得拍摄的空间，Dorothy Draper 设计

一、十二个关键考虑因素

1. 建筑风格

每幢建筑每座房屋都有其基本的风格取向，有的简单，有的复杂；风格种类也很多，有本国特色的、有异域风情的，有现代简约的、有传统厚重的，有都市时尚的、有乡村质朴的，有讲究奢华的、有强调简约的，繁复多姿，林林总总。每种风格又有其特定的考虑因素，因此，尊重建筑文化，关注建筑细节，是开启一个项目首要考虑的因素。

如下左图中的玻璃幕墙建筑充满现代感，白、米、灰、褐丰富了现代简约家居的层次，冷峻清晰的线条、金属材质的运用与 L 形组合沙发都充分尊重建筑的特色。

右图以米色为主调，是典型的传统风格的用色手法，家具的造型与织物的图案同样配合建筑风格的特征；部分家具用了深蓝色，为空间增添现代感与趣味性，也是传统风格向现代风格过渡的一种用色手法（过渡风格 Transitional Style）。

2. 空间已有的色彩

接到一个项目时会发现里面可能已经有了很多色彩，而且这些色彩是不能改变的，比如已铺好的地板、瓷砖或者一些客户很喜欢的家具，您在选择配色方案的时候就要将这些已有的色彩考虑其中。

3. 客户自己喜爱的装饰风格

可能有些客户喜欢海滨风格，有些喜欢混搭风格，有些喜欢现代与传统相结合的风格等，您需要根据不同的风格特点选择配色方案。比如海滨风格可以使用接近沙滩和海水的颜色来营造相应的氛围；混搭风格就要将不同的颜色、不同的材质纹理混合在一起；现代与传统结合则更强调现代感的空间规划同时又放进一些具有传统特色的装饰品。

4. 客户个人的色彩喜好

通常当提问一个人最喜欢什么颜色的时候，大多数人都能回答出来。虽然这并不意味着一定要将这种颜色大面积地运用到家居空间中，但当了解了客户的喜爱或避讳时，就更能选择出符合客户需求的配色方案。

5. 空间的功能

每种空间都有特定的功能，比如厨房的功能是烹饪，会让人联想到绿色、环保与健康，所以白、蓝、绿都是不错的选择；餐厅是一家人忙碌一天后坐下来愉快地享受美食、交流感情的空间，红色能促进人的好胃口，紫色会压抑人的食欲，知道这一点您能做出更好的选择。

6. 空间的大小

通常浅色让人感觉空间增大，冷色有让人视觉变宽的可能，但这并非一条非遵循不可的定理，更多时候是需要综合考虑空间的各类元素，比如建筑特点、居住者想要的氛围、空间现有的物件等。比如下图这间书房就敢于反其道而行之，使用深紫色营造一种温暖的感觉，这比浅色更出彩。

7. 空间的氛围

高明度色彩天真烂漫，低明度色彩沉着稳重；高纯度色彩让人情绪高涨，低纯度色彩让人舒适放松；有些色彩适合优雅正式的场合，有些适合自然随意的休闲风格。室内配色要根据想要营造的氛围做出选择。

8. 空间的编排序列

最基本的空间编排就是门、窗开在哪，家具如何摆放，是否需要创建一面焦点墙。同样的色彩、不同的组合可能给人不同的视觉效果，同一个配色方案用于开放式的空间和用于独立封闭式的空间，效果可能也完全不同。色彩编排要与空间编排形成"夫唱妇随"的关系。

9. 空间与空间的通道

大多数房屋都有前廊门厅或走廊过道，如何用色彩将各个房间贯穿联系起来？可以先为所有的房间挑选好颜色，然后再为通道挑选颜色，目的是保证后者能将前者协调起来。有时候也可以将某个房间所用的颜色挑出来作为贯穿整座房屋的色彩。无论是哪一种方法，目的都是为了确保房间与房间的色彩能够相互联系而非各不相干。

10. 陈设件和饰品

大多数客户都有自己喜爱的艺术品或装饰品，需要考虑这些物件的摆放位置及选择哪些颜色才能充分将它们突显出来。

11. 房间的地理朝向

每个房间都涉及地理朝向问题，如面向东、南、西、北哪个方位？有没有自然光？如何选色？（房间朝向与色彩请参考第五章色彩与光）

图片来源：Benjamin Moore

12. 空间的光源类别

白炽灯光投射在物体上会使物体看上去偏黄，可以增强暖色的效果；普通荧光灯放射的蓝光会增强冷色的效果；接近自然光的全光谱荧光管可以更好地保留色彩的真实度。在做出配色方案决定前，将所挑选的颜色样板拿到项目施工现场，于早、中、晚不同时段放置在自然光和人造光下细细察看，特别关注色彩在空间的主要使用时段时的效果，这是因为第5点考虑——"空间的功能"。

二、色彩与设计风格

每个民族对色彩都有独特的文化解读，每个时代又有特定的色彩潮流，即使在色彩营销尚未兴起、流行色尚未引领时尚舞台的时代，色彩也是一个与人类生活紧密相关的元素。下图是美国自 1880 年到 2000 的流行色回顾，以 10 年为单位展现长达一个多世纪以来的色彩流行史，且还得出一个有趣的规律：凡偶数年代的流行色彩都偏冷，图案设计的线条更具先锋感；凡奇数年代的主流色彩则偏暖，图案设计更偏向平缓柔和。这种现象除了与所处时代的社会经济、工业技术发展有关，也跟人们的社交生活及娱乐消遣模式相关，从中不难看出一个时代的流行色彩与该时代流行的设计风格密不可分。

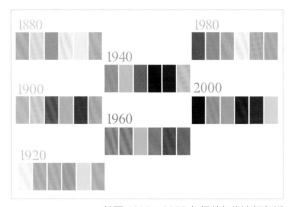

美国 1880—2000 年偶数年代流行色板

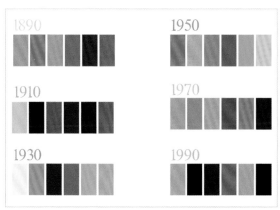

美国 1880—2000 年奇数年代流行色板

图片来源：Benjamin Moore

国际上常见的几种室内设计风格及其相应的用色特点：

1. 法式风格

装饰特点：富丽奢华，强调表现柔美、精致，具有细腻女性气质。即使时代久远，仍会让人联想到太阳王路易十四的精美高跟鞋与蓬帕杜夫人慵懒华丽的洛可可女装。

色彩应用：以淡粉色系为主，奶油色、粉红色、桃色、薄荷绿常用作点缀色。

用色参考：Benjamin Moore OC-83，2036-70，2085-70（色彩编号对应以下圆点图）

作者备注：本章引用的色彩编号属美国涂料品牌 Benjamin Moore（本杰明摩尔）的专用色卡号，可登录 www.benjaminmoore.com 做色彩比对，或到全国各大城市的"Benjamin Moore—名家"品牌专卖店进行色彩比对，逾3500种颜色可供参考。

2. 英式风格

装饰特点：偏爱使用墙纸、织物一类的材质，图案常以自然花卉、格子和条纹为主，饰品大量选用蓝白瓷器。

色彩应用：以浅黄色为主，红色或明度很高的粉红色点缀；英式风格的标志性色彩组合是蓝与白。这一色彩组合很容易让人想到蓝红白三色米字旗。

用色参考：Benjamin Moore CC-170，2001-60，CW-335，CC-20，CC-874
（色彩编号对应以下圆点图）

3. 地中海风格

（1）意大利地中海风格及西班牙地中海风格。

装饰特点：常见材料是陶土砖、肌理墙、木吊顶，以及黑色铁艺装饰、雕琢技艺讲究的家具。

色彩应用：意大利式地中海风格强调自然脉络及整体的柔和性，常用奶油色、浅黄色和金色。西班牙式地中海风格则强调生活的趣味性，常用明度较高的色彩，偏爱橙色和深红色来表达热闹欢欣的情感。

用色参考：Benjamin Moore HC-12，2155-30，2170-20
（色彩编号对应以下圆点图）

（2）希腊地中海风格。

希腊地中海风格最是喜爱纯白和纯蓝的色彩组合。

用色参考：Benjamin Moore 2065-20，OC-152，2065-30（色彩编号对应以下圆点图）

4. 美式风格

装饰特点：自在、随意，没有太多造作的修饰与约束，通常使用大量的石材和木饰面装饰；喜欢有历史感的东西，如仿古墙地砖、石材及各种仿旧工艺。可大致分为维多利亚美式风格和殖民风情美式风格。

色彩应用：维多利亚传统美式风格在色彩上以象牙白、奶油色或浅黄色为主；红、棕为辅；少量黑色点缀。

用色参考：Benjamin Moore CC-130，CC-160，HC-5（色彩编号对应以下圆点图）

　　还有一种殖民风情美式风格，更有美国本土特色，主用绿色和金色，喜爱丰富的自然色系，但不会用纯度太高的色彩。

用色参考：Benjamin Moore HC-1，HC-143，CW-400（色彩编号对应以下圆点图）

5. 现代风格

色彩应用：以冷色为主，灰是现代风格的标志性用色，就像米黄之于传统风格一样。在现代风格中注入彩色，则需强调色彩的强烈对比，比如用深蓝或鲜红冲击纯白，酷似摩洛哥风情的一种鲜明配色手法。

用色参考：Benjamin Moore 2137-60，1309，2064-10
（色彩编号对应以下圆点图）

6. 过渡风格

　　色彩应用：介于现代风格与传统风格之间的一种风格。传统风格用色偏暖，现代风格用色偏冷，过渡风格将两者的特点糅合在一起，比如米黄与灰结合起来，或主色是介于米与灰之间的一种灰褐色。

用色参考：Benjamin Moore OC-28，AF-545，HC-168
（色彩编号对应以下圆点图）

7. 当代风格

色彩应用：指在现代空间里引入各种当下时尚的元素，比如将国际权威色彩机构发布的年度流行色引进来：下图空间中的蓝与粉红是 2016 年潘通流行色"静谧蓝 + 水晶粉"的化身，绿色沙发则是 2017 年潘通流行色"草木绿"的象征。当代风格与现代风格有相似之处，但又比现代风格更具存在感。

用色参考：Pantone Color 13-1520，15-3919，15-0343
（色彩编号对应以下圆点图）

8. 北欧风格（也称斯堪的纳维亚风格）

色彩应用：纯粹、自然、简约，以白和灰为主导的自然中性色调。

用色参考：Benjamin Moore 2120-70，2134-40，2133-10，1004，AF-65，HC-42（色彩编号对应以下圆点图）

9. 波希米亚风格

色彩应用：波希米亚原意指热情豪放的吉卜赛人和颓废派的文化人在浪迹天涯的旅途中形成了自己的生活哲学。所以这种风格也称艺术家风格，以轻松、浪漫以及叛逆的生活方式表达对自由的向往。最显著的特色就是风格自由，所用物件可以是全球各种风格的组合。以饱满的大地色、中性色为主；红、橙、紫也会是常用色。

用色参考：Benjamin Moore 2057-20，2075-20，2175-20（色彩编号对应以上圆点图）

10. 海滨风格

色彩应用：蓝色、蓝绿色、珊瑚色、米色、白色等海滨自然景观中常见的美妙色彩组合。

用色参考：Benjamin Moore 2054-70，2012-40，2065-60，OC-10
（色彩编号对应以下圆点图）

11. 日式风格

色彩应用：设计手法强调与大自然的联结，设计元素讲究贴近本质，追求简约，标志性元素有木、竹制造的滑动墙和纸灯笼。色彩常用柔和的白色、原木色及以灰绿色做点缀。

用色参考：Benjamin Moore AF-305，AF-345，AF-380，500
（色彩编号对应以下圆点图）

12. 新中式风格

新中式风格指现代中式风格，通常以深色木家具（尊贵的玄色或紫檀色）居多，以白色、米色为大空间背景色，再引入具有悠久传统情怀的中国色（紫赤金色、牡丹色、朱砂红、青花蓝／靛蓝或秘色）铺陈点缀。年轻一代的中式情怀者更多地选择以原木色家具为主，以灰白为主背景色，再引入淡淡的粉彩中性色点缀，如蟹壳青、藕荷色、秘色等。

图片来源：戴勇设计·惠州方直珑湖湾东岸

图片来源：戴勇设计 · 郑州名门紫园Ⅰ

用色参考：Benjamin Moore 1358，314，2077-30，2066-50，724，CSP-1165
（色彩编号对应以上圆点图）

图片来源：戴勇设计·郑州康桥悦蓉园东方院墅

图片来源：戴勇设计·郑州名门紫园

用色参考：Benjamin Moore AF-680，2051-70，2072-60，AF-570
（色彩编号对应以上圆点图）

三、白、米、灰、棕、黑的通用原则

1. 第一种：白色

纯白色同样有明度、纯度的区分，通用原则是首选柔和的白色，如云白和鸽白。

用色参考：Benjamin Moore CC-40，OC-17（色彩编号对应以上圆点图）

2. 第二种：米色

由于所含色中色类别与比例不同，米色种类繁多，通用原则首选浅米色，亚麻白是经典色。

用色参考：Benjamin Moore OC-24，CC-90（色彩编号对应以上圆点图）

3. 第三种：灰色

灰色有冷灰和暖灰之分，通用原则是首选暖灰，避免冷灰。

用色参考：Benjamin Moore HC-172（色彩编号对应以上圆点图）

4. 第四种：棕色

棕色原本明度低，如果家居空间选用太深的棕色难免会使人感到压抑，通用原则是中明度的棕色较为理想。

用色参考：Benjamin Moore HC-69（色彩编号对应以上圆点图）

5. 第五种：黑色

黑色同样含有不同的色中色，在现代风格中常用于表现一种力量及情绪，但通常不会大面积使用，适用局部或细节刻画。

用色参考：Benjamin Moore 2118-10（色彩编号对应以上圆点图）

四、如何将一个配色方案贯穿全屋

1. 基本注意事项

（1）整座房屋的檐口、踢脚线、窗户、门框、护墙板应该涂刷成同样的颜色。

（2）厨房用品和卫浴设施应用同样的颜色，台面板的花纹可以有变化，但颜色应当接近。

（3）一个成功的配色方案最多选择三种色彩（来自三个色彩家族的成员）。

（4）色彩搭配必须主次分明、比例合理，一般分主色、次色和点缀色：

主色（60%）：通常指空间的背景覆盖色，它的存在价值在于能接纳空间中出现的所有颜色，比如墙面颜色。

次色（30%）：占空间第二比重的颜色，通常可指家具、窗帘、床上用品的颜色。

点缀色（10%）：点缀色要与主/次色形成强烈对比，或最亮丽抢眼或最低调柔和。这个色彩并非只出现一次（比如一盘绿植就不能属于点缀色），通常用于少数量的小型家具及饰品，所谓点缀指出现在同一房间的次数必须不少于三次。

提示：6：3：1比例原则对色彩初学者而言，是一条非常重要的指导原则，但对一个经验丰富的设计师而言，往往会依据感觉运用色彩。

（5）在冷色配色方案中适当使用一点暖色，反过来也一样。

（6）每个房间的颜色搭配都要有浅、中、深的层次感。

（7）为了使色彩搭配的整体和谐、流畅，所选的配色方案要贯穿运用于整座房屋。

2. 案例展示

以下是将一个分裂互补配色方案贯穿运用于整套房子的案例。

配色方案：分裂互补配色方案（红＋蓝绿＋黄绿）。

色彩比例：主色为蓝绿色，次色为黄绿色，点缀色为红色。

整体色盘搭建：

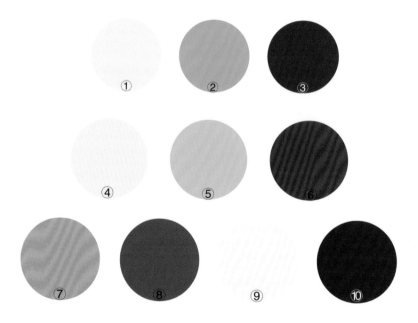

第一排为蓝绿色系，中排为黄绿色＋红色，第三排为中性色系

（1）客厅用色参考：

①墙面；⑤窗帘；⑨天花板；⑦地板或木家具；②沙发；⑥抱枕及饰品

（2）厨房用色参考：

④橱柜；⑦墙面；⑨天花板；⑧地材；⑤⑥碗碟瓶或饰品用色

（3）书房用色参考：

①墙面；⑨天花板；⑩书架及饰件；⑦地板；⑧桌椅；②窗罩

（4）过道用色参考：

①墙面；⑨天花板；⑩照片墙画框；⑦地板；③地毯；⑤饰物

（5）主人房用色参考：

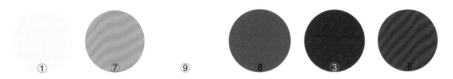

①墙面；⑦衣柜；⑨天花板；⑧地板；③窗帘；⑥饰物

（6）客房用色参考：

④主墙；⑤背景墙；⑨天花板；①⑥双色窗帘（蓝红交织）；②床品；⑦地板和家具

（7）卫生间用色参考：

⑨墙面；①天花板；②地砖；⑩浴柜；⑦木作件；⑤织物或饰件

五、空间色彩搭配演练

这一节主要提供两种色彩演练方式，一是以第二章九种经典色彩搭配指引为依据，根据您平时在上网、读杂志或旅行观光时得到的图（照）片，自己动手做色彩搭配练习。借助科学的色彩工具——色卡和色轮，经常动手做练习有助于培养敏锐的辨色能力，加深理解色彩多变的特点及其规律，同时强化对于基础知识的理解。第二种方式您可以根据想要设计的空间氛围来练习色彩搭配，这种方式不必一定依循"九种经典色彩搭配指引"的规律，而是根据自己对设计和色彩的理解进行自由搭配。

1.5 种配色方案演练案例

（1）单配色方案：蓝色。

用色参考（从上至下）：Benjamin Moore 2062-30，OC-65，219，HC-153，HC-156

（2）跳色配色方案：蓝绿＋黄绿。

用色参考（从左至右）：AF-500，AF-415，OC-152，
2131-40，CC-300

（3）邻近色配色方案：红紫＋蓝紫＋蓝。

用色参考（从左至右）：1379，AF-625，OC-17，824，1421

（4）直接对立配色方案：浅橙＋灰蓝。

用色参考（从左至右）：2094-60，2092-40，OC-69，2132-60，2129-20

（5）分裂互补色配色方案：绿＋红紫＋红橙。

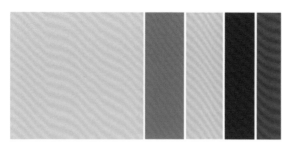

用色参考（从左至右）：2139-50，2175-30，AF-335，2128-10，2083-20

2.8 类空间氛围演练案例

（1）第一种氛围描述：宁静、舒适、放松。

单色配色方案、邻近色配色方案或中性色配色方案经常被用于这种氛围，且通常要避开对立色种类的配色方案或使用明度和纯度过高的色彩。

用色诠释：

① 这个潜伏着绿的蓝色是演绎宁静舒适氛围的完美选择；

② 可作为布艺家具、地毯用色；

③ 瓷器等饰品用色；

④ 天花板、蕾丝纱帘用色；

⑤ 地板、木家具用色。

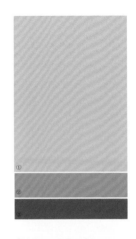

用色参考：Benjamin Moore ① HC-150； ② HC-148； ③ AF-530； ④ OC-65； ⑤ HC-69

（2）第二种氛围描述：培育、关爱、鼓励。

这种氛围需要温暖有活力的色彩注入，同时要关注色彩本身给人的心理感受。黄橙色的阳光、抚育感与黄绿色的生机活力是不错的选择，既适用于小孩也适用于老人，既适用于绿色健康的自然居住环境也适用于特别康复疗养的环境。在色轮上两种颜色属跳色组合，也是在自然界中经常看到的色彩组合。

用色诠释：

① 柔和的米色墙面；

②③ 豌豆绿和芹菜绿可作为织物用色；

④⑤ 砖红和浅鳄梨绿可作为木质家具、陶土砖或双色拼花砖的颜色。

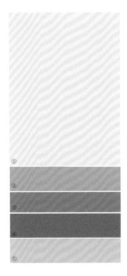

用色参考：① 2156-60； ② 2146-30； ③ 2146-10； ④ 1140； ⑤ 2146-40

（3）第三种氛围描述：符合传统审美观点、经典、安全。

传统装饰风格以米色为主，金色也是标准色之一。它们以安全、庄重、贵气为主，所以这类传统中性色配色方案最需要把控的是色彩之间的明度互动，也就是如何将安全色用活。除材质、图案的选取要深思熟虑外，色彩明度的层次把控也是接受审美考验的关键。

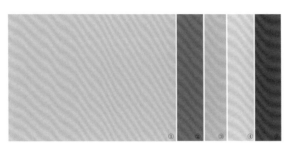

用色参考：① HC-45；② 1014；③ HC-12；④ HC-10；⑤ HC-72

（4）第四种氛围描述：浪漫、柔情、充满想象力。

紫色既是贵族皇权、尊贵神秘的象征，同时也是一个非常戏剧化的色彩，如浅紫（东方鸢尾花、丁香花）的柔弱羞怯、浪漫优雅；鲜艳紫罗兰的热情与激情；深紫的尊贵与神秘；它们都会将人带入不同的梦幻氛围。特别在这个强调创意如生命的时代，人们极渴望灵感女神的眷恋，因此紫色也被赋予了新的内涵：一个能激活创造力的色彩。紫色诚然是一个最适合用做单色配色方案的颜色，特别是融入天鹅绒材质之后更具表现力。但紫色在色轮中是明度最低的颜色，因此在把控色彩明度互动上要心思敏锐，以确保浪漫的配色方案能切实实施，避免一味流于空幻意境。

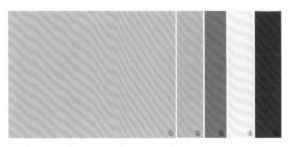

用色参考：① 1418；② 1389；③ 1398；④ 2081-70；⑤ 1414

（5）第五种氛围描述：重视感官体验、迷人、动人心弦。

重视嗅觉、触觉、听觉、视觉和味觉的体验感，从这五个角度出发搭建起一个大跨度的邻近色配色方案，色彩饱满深邃，充满美妙的异国情调。

用色诠释：

① 加勒比海蓝一样的墙面主色，需运用大量白色来平衡过度饱和的视觉效果，比如天花板或地板及修饰线用纯白来过渡；

② 勿忘我蓝；

③ 樱红；

④ 天青石蓝可用于家具或织物；

⑤ 葡萄紫作为饰品或单椅的点缀色，强化整体异国风情。此类高纯度配色方案适合日光充足的环境。

用色参考：① 2055-30；② 2049-60；③ 2074-50；④ 2067-40；⑤ 2068-20

同样的氛围还可以有如下搭配体验：

用色诠释：

① 以焦糖色为主的配色方案同样拥有精致、奢华及性感的气质，适用于卧室空间；

②③ 不同底色调的巧克力棕可作为家具装饰用色，或作为用来突显设计风格的细节用色；

④⑤ 可作为织物及玻璃器皿的用色。

用色参考：① AF-225；② 2096-20；③ CSP-1170；④ 2073-40；⑤ 2074-10

（6）第六种氛围描述： 沉思冥想、理性、注重精神品质。

灰色是现代风格常用色。

用色诠释：

① 灰蓝色可以刻画空间的理性气质及现代思潮；

② 鸽白天花板或织物用色；

③ 主体家具色，为避免整体色温偏冷时可加入麦黄色；

④ 麦黄色传递理性精神光芒人性化的一面；

⑤ 作为灯罩或艺术品的点缀色，用于现代风格的书房空间会是不错的选择。

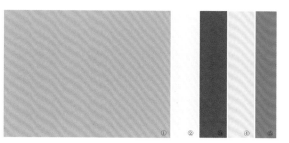

用色参考：① 2128-50；② OC-17；③ 2128-30；④ 2155-50；⑤ 824

如海洋和天空一样的蓝色，象征着空间与自由，缓解与放松。

用色诠释：

① 以风信子蓝作主色带动空间的精神品质；

② 号绿可作为窗框用色；

③④ 号绿色可用于地材和窗帘；

⑤ 号天青绿可作为丝质抱枕或饰件配色。

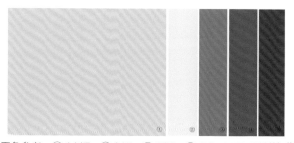

用色参考：① 1417；② 617；③ 029；④ CC-630；⑤ CC-966

（7）第七种氛围描述：意气风发、精力充沛、热爱冒险。

将如此高纯度、大跨度的三等分配色方案引入室内，需有足够大的空间，或善于把控色彩的编排及比例，因为它所表达的主题极具冒险性，是充满狂欢主义及享乐主义派头的特定氛围。

用色诠释：

① 热情的天堂鸟红橙色将整个空间燃烧起来；

② 引入极冷的香颂紫蓝色，激发探索未知及对神秘事物的好奇心；

③ 玉米秸秆色体现足够年轻的心情同时也是让冷暖极端色获得一个缓冲过渡；

④ 深靛色用于点缀；

⑤ 天花及饰线用色。

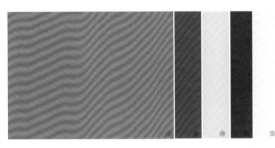

用色参考：① 1305；② 1421；③ 541；④ 1442；⑤ CC-10

以炫目亮丽的黄色①为主调同样让人气势振奋、精力澎湃，可以用 ③号色与主色以条纹的形式出现，中间以白色间隔；

②号色可作为地材和木作件用色；

④号色能够增加孩子玩耍空间的趣味性，可以塑料座椅或床框的方式体现；

⑤号矢车菊色是传统男孩房的常见用色，可作为点缀色。

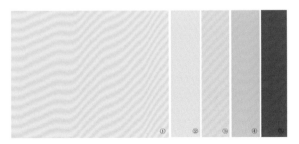

用色参考：① 354；② 562；③ 403；④ 669；⑤ 819

（8）第八种氛围描述：异想天开、顽皮童趣、想象丰富。

这是一个非常活泼跳跃的双重互补色配色方案，适用于童趣空间。

用色诠释：

① 青苹果色涂刷墙面；

② 粉红太妃糖色用于焦点墙色或窗帘；

③ 燕麦秸秆色用于地板和部分家具；

④⑤ 成熟桑椹果和香脂树可用于小部分彩色家具或玩具点缀。当然，白色的引入对于这个艳丽的色彩空间是必不可少的。

用色参考：① 2026-40；② 2075-50；③ AF-340；④ 2075-20；⑤ 567

　　每种居住氛围都有无数种搭配的可能性，这里只是提供一种参考，您可以根据每种氛围的特征提示，动手演练自己的配色方案。动手的过程也是学习与色彩如何相处的过程。

第七章 色彩解读

想信手拈来地运用色彩，一定要先了解色彩。色彩同样具有性格和感情，运用得当让人身心愉悦，运用错误让人反感厌恶，设计师对色彩的使用一定要在准确把握色彩内涵的基础上进行。

一、设计师喜爱的 30 组色彩配对

1. 粉红火烈鸟 + 龙舌兰

解读：我们可以说这是一组美丽的沙漠色，让人联想到最美的落日、无垠的沙丘、顽强的多肉植物……还可以让人畅想棕榈泉的度假生活，享受在水天一色的泳池里畅游的下午时光。可以引入阳台或花园的闲坐角落。

2. 猫眼绿 + 海泡石

解读：英国设计师 Peter Dunham 的这款"无花果树叶"主题织物已成为世纪经典，传统的图案主题和新鲜的色彩搭配——草绿色里潜伏着一点蓝，几乎适用于各种类型的传统海滨别墅。参考经典织物的色彩搭配及比例分配，从中引色创建室内配色方案是常见的灵感采集方法。

3. 豆绿 + 蜜粉

解读：少女情怀的色彩组合。清新的豆汤绿，纯真的蜜粉，既象征着花季少女，也代表着和平之爱。豆绿的高调与蜜粉的甜美，无论哪个时代都惹人喜爱，如今更是街头风时尚一派的真爱。

4. 水鸭绿 + 橘酒奶昔

解读：比起鲜艳的粉红和水晶紫，水鸭绿与奶昔橘的组合堪称完美的女性气质。想想您身穿一身水鸭绿丝绸晚礼服、佩戴桃色珍珠的明艳气度吧，那是一种接纳矛盾、面对矛盾的从容不迫。别忘了它俩是来自蓝绿与红橙两个对立色家族，这是经过岁月沉淀与洗礼后的结合。

5. 秘蓝色 + 土耳其红

解读：无论您是喜欢吉卜赛波西米亚风，还是 18 世纪开始火热的那股异域风情中国风（Chinoiserie），这两个色彩都能供您发挥。波西米亚风就少不了一块土耳其红地毯和一条羊绒蓝披肩，这个秘蓝色所含的丰富灰度让它显得更神秘，令人难以捉摸，恰似吉卜赛女郎给人的印象：肆无忌惮的表情下隐藏着谜一般的生命灵性与塔罗秘语。

6. 海玻璃 + 秋海棠

解读：海滨风格的用色很经典，特别是在夏天它们能够展现出清凉中带点甜的美好气氛。面对绵延不断的浪花泡沫，躺在沙滩椅上做个粉红色的梦总是惬意迷人的。以宁静平和的中性色为主，海玻璃绿为次（家具用色），再用粉红做点缀，这样的色彩比例能让空间更成熟优雅且散发甜美气息。

7. 海螺贝壳 + 金橘红

解读：柔和的粉红色海螺贝壳，让人耳边回荡起悠扬的海洋音乐；温暖的金橘红散落着醉人的清香，闭上眼睛让眉梢挂着喜悦。这样的组合透露着成熟而浪漫的气息，就像一首叫《夕阳醉了》的歌：夕阳醉了，落霞醉了。

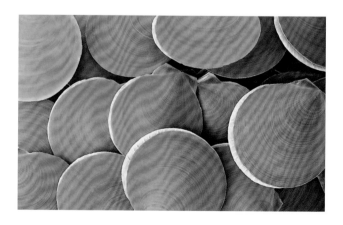

8. 蜜合色 + 太妃糖

解读：如何避免乏味的中性色配色方案？美国设计师 Sarah Rosenhaus 的这个作品就是很好的案例。长毛地毯、羊毛抱枕、流线形透明玻璃茶几、线条简约但造型动感的家具，还有让人无法转移目光的抽象艺术画作，它们集结在一个只有黑和白为背景的素雅小空间里，将缤纷色彩隔离在外却同样表现得别致而出众。

9. 紫藤花 + 蔚蓝天空

解读：虽然蓝和紫都是冷色，但因为这个紫含有一点红，加上两者是跳色关系，为柔美的浪漫气息注入活力奇趣，就像墙面上的蓝紫抽象画，宁静却不安分，将紫色的新时代色彩内涵与生动的创造力完美地融合在一起。在这个略带法式风情的空间里，不妨想象一下童话城堡里的棉花糖，神秘又甜美。也可以用这组色彩演绎地中海的夏天，清澈蓝天下遍地紫藤花开，深吸一口气，尽情享受源自心灵的真诚祝福。

10. 深海蓝 + 早春番红花

解读：色彩流行趋势此起彼伏，有些色彩在某个年代非常流行，但在某个年代又倍受冷落，比如托斯卡纳金色在 20 世纪 90 年代曾倍受追捧，但进入 2000 年大家又对它唯恐避之而不及。又如紫色，在现代风格崛起、深珠宝色系退出人们审美视线后进入它的大萧条时期，但如今又突然华丽转身，在新时代被赋予"激发创造力"的色彩内涵，特别是番红花紫搭配深海蓝，更成为备受瞩目的搭档。

11. 薰衣草 + 朱红

解读：相同纯度的色彩总是很容易相匹配，如原色跟原色，粉色跟粉色。但我们喜欢别出心裁而且生机勃勃的色彩搭配，比如高明度色彩与柔和粉色的组合，就像这一组薰衣草与朱红，白色墙面与木色地板更能突显色彩的艳丽。

12. 巴西蓝 + 焰火橙

解读：蓝与橙是众所周知的一对互补色，也是美式室内设计风格常见的配色方案。这组蓝橙色的明度值很接近，都在 30% 左右，以高纯度的橙色搭配中纯度的蓝色，从而将两者的明度拉近距离，实现色彩对立、明度和谐的配色效果。

13. 粉红马卡龙 + 非洲靛蓝

解读：佩斯利花纹抱枕放进浮雕纹墙纸、格栅状镜面墙、云彩床头板共同构成的法式空间，将非洲自然之色——靛蓝与法国浪漫的马卡龙粉红相结合，巧妙地融入日常居室，让人很容易领会到当代法式风情的浪漫与温馨。

14. 茄紫 + 豌豆绿

解读：右图是纽约设计师 Celerie Kemble 的作品。茄紫属于红紫色家族成员，豌豆绿属于黄绿色家族成员，原本它们就是直接对立互补关系。将这样一组明度悬殊的颜色引入传统格调的家居，既有家族传承的古老气度，又有生动活泼的气息，让人轻松跳出古老传承容易产生的古板压抑的感觉。

15. 墨蓝 + 驼黄

解读：两个都属于永恒经典的色彩，都具有成熟包容的气度，分好主次比例，组合在一起极其恰当，使人感觉宁静舒适。

16. 银灰 + 铅灰

解读：这对灰色组合分别潜伏着蓝绿色，具有男性化气质，都是很好的背景色，交替使用更能突显空间的层次感。银灰的墙面，铅灰的书架，特别适用于藏书室或书房。下图中钢灰窗饰线与鲨革绿墙面是银灰＋铅灰的色阶延伸，使整个室内空间更显大气，独具魅力。

17. 风化浮木 + 溪蓝

解读：风化浮木有着历经岁月沉浮之后沉淀下来的质朴无华，蓝溪流动之处更是散发出清新自然、幽隐宁静的气息。这组色彩唤醒人与自然的生活觉知，水与木，天与地，或棕色的家具配溪蓝色窗帘，或蓝色背景墙配棕色家具……随着风格与色彩的灵活互动，呈现出的效果皆充满自然生活的味道。

18. 原木色 + 森林绿

解读：在大自然中我们看见绿叶可以衬托各种颜色的花，包括黑色和蓝色，同样，在室内设计中任意绿色都可以充当背景色。变灰的绿色更宁静，深绿色传达高雅与安全感，绿色跟木色搭配在一起很和谐，白色则能凸显绿色的最佳品质，所以这对色彩搭档友情坚定，弥久不衰。

19. 牡丹红 + 杏仁白

解读：米色的空间太安全，有时也想寻找点突破。艳丽的牡丹红可以用于小型家具，也可以作为米色沙发的镶边，甚至引入一点霓虹色都是不错的选择，即使最不喜欢小女生气的家居者，应该也不排斥这点"天姿国色牡丹香"吧。

20. 橙棕 + 西瓜红

解读：巧克力棕与深红是常见的传统色彩组合，但中纯度的橙棕色跟鲜艳的西瓜红组合（含水果啫喱唇膏一样的光泽亮度），就是一个超大胆的色彩组合。可以倒着玩装饰艺术（ART DECO），也可以直向狂野不羁的波西米亚海滩风，跟音乐一样，这是一组可以供您玩节奏的色彩。

21. 粉红贝壳 + 海草绿

解读：有些色彩搭配跟地理位置密切相关，比如新英格兰风的蓝与白，棕榈泉风情的粉红与绿。但这组梦幻气质的粉红贝壳与海草绿，对设计师 Timothy Whealon 来说不受地理位置的限制，有时用于海滨风格的家居中，有时则用于传递一种纤柔气质的城市公寓里。

22. 童话蓝 + 灰红粉

解读：将时代感十分鲜明的这一"童话蓝"与文艺复兴时期的流行色——灰粉红组合在一起，倒也别开生面。被认为过气古板的这一灰粉红重新走上时尚舞台，这可能得归功于年仅 27 岁的伦敦室内设计师兼艺术家 Luke Edward Hall，他在迅速走红的系列室内物件设计中大量运用了这组色彩。

23. 石板灰 + 宝石红

解读：这个石板灰色带有丁点绿色的色中色，但完全可以归入中性色类别，因此也是个很有包容力的背景色。但就因为它带有那么一点绿，当将光芒耀眼的宝石红放进来时，立刻激活了它潜伏者的本色，有红绿对话的活泼生机。

24. 牡蛎灰 + 柠檬黄

解读：这组色彩的应用效果与"石板灰 + 宝石红"的色彩组合相似，牡蛎灰内潜伏着紫色，因此当将鲜紫色与柠檬黄带进来时，整个空间就有了互补色的对话生机。

25. 浅桃色 + 火焰橙

解读：创建色彩丰富又有层次的空间，不一定依赖对立色才能完成，就像这个高明度的浅桃色，当用高纯度的火焰橙来点缀它时，仿佛空气都流淌着奶昔橘和水果蜜的馨香之气，就像人人向往的人间美地——那流着奶和蜜的迦南圣地。

26. 普鲁士蓝 + 岩石蓝

解读：美国布鲁克林陶艺家 Michele Michael 的陶艺作品充满大海的味道，与风靡全球的斯堪的纳维亚室内设计风格同步，她的工作室的窗户面朝海港，吸取天空和潮汐的颜色成为创作的灵感源泉。将这组色彩引入室内，与橙色系的木质地板或家具搭配更容易营造天然手工艺的质感，同时与冷调的蓝色形成很好的互补效果。

27. 红樱桃 + 山草莓

解读：这是一组充满味觉亮点的感官色彩搭配，在色轮上关系密切，分别来自红与红紫两个相邻色系，常作为中亚风情的织物用色，或用于爱尔兰乡村风格的室内设计中。

28. 浅石绿 + 丰收金

解读：两个颜色都接近中性色，放在一起却大大提升了金色的明度，明明是文艺复兴时期的"丰收金"，看起来后者更像金盏花的色彩。2015 年这个浅石绿在美国大受欢迎，从此提升灰褐色在家居设计中的地位，与金色组成成熟优雅的一对，使人感觉到收获、愉悦与真诚的爱。

29. 蕨草绿 + 枫糖浆

解读：水雾弥漫的蕨类植物令人如沐甘露，金褐色的枫糖浆色香甜如蜜，身处其中，能够感受到扑面而来的自然气息。对海边别墅或现代自然主义室内设计而言，这是一组向自然致敬的色彩组合。

30. 舞者红 + 勿忘我蓝

解读：这组色彩各自经过时光的沉淀，它们不再是锋芒毕露的本色演出，而是一组能真正让对方显得更有吸引力的色彩组合。并非刻意取长补短，而是自然而然地相融合，让对方的自我个性自然地呈现，同时自我实现。在色轮时针的旋动规律中，当转至这一组色彩轮盘时，预示着秋天就要到来了。

以上图片参考：www.lonny.com

二、换个角度解读性感色彩

红楼梦中的女子谁最性感，是花枝招展的凤姐儿，还是风情万种的秦可卿？是弱柳扶风的林黛玉，还是肌肤微丰的薛姑娘？有人断言：始性感者非敢爱敢恨的尤三姐莫属。但也有人说真正性感的是凝脂肌肤的薛宝钗，否则怎会让贾宝玉看得像个呆子。然而第一个跳出来反对此说的人是贾公子，因为以下要说的第一个性感色彩，恰是贾宝玉说的"也只有她配穿红"。

1. 性感色排行榜 1：奢红

奢红也叫正红，《红楼梦》中贾宝玉从冠上的大红绒球到红色箭袖，再到厚底红靴，穿戴上均离不开红色，以金线相衬，尽显华丽富贵。而身披大红羽纱面白狐皮里鹤氅，腰系青金闪绿双环四合如意绦的黛玉，仿佛是琉璃般的白雪世界里一枝怒放的红梅，难怪贾宝玉会说"也只有她配穿红"。

英国装饰师 Kathryn M.Ireland 说："这个中国漆红丰饶饱满，鲜艳欲滴，我喜欢将它作餐厅墙面，激活情绪，令人振奋，是我用来表达性感空间的色彩之最。"

图片来源：纽约设计师 Inson Wood 的中国年装饰主题作品
用色参考：Benjamin Moore HC-181，CC-66，CC-68（图片下方的竖条色卡，以下同）

2. 性感色排行榜 2：玫红

　　无论是服饰用色还是胭脂用色，这个红中略带紫的色彩历代都受到年轻女子的喜爱，它仿似盛开的玫瑰娇艳动人。在纽约设计师 Mary McDonald 的室内作品中经常出现这个颜色，她喜欢在白色的空间中将玫红与海军蓝穿插在一起。在其中一个项目中，还将这个色彩运用到天花板上，涂刷高光效果，她这样诠释自己的创作理念，"想象一下您躺在床上朝上看，整个身体浮现在水波镜面一样的粉色天花板世界里，流光溢彩的线条，朦胧的轮廓，性感之极！"她认为这个颜色拥有塑造魅惑空间的潜力，像身穿内衣、外披战壕风衣的 T 台女超模，性感地演绎出其不意。

图片来源：纽约设计师 Mary McDonald 的作品
用色参考：Benjamin Moore 1350，1349，1348

3. 性感色排行榜 3: 海浪蓝

"因为地平线一直在那。你想到达那儿，但你永远到达不了。就是那样，遥不可及难以放弃。"

——《加勒比海盗》

走进一间加勒比海蓝色的房间，想象自己在无边无际的海浪蓝上航行，海平面闪烁的钻石光芒，金色的阳光，柔和的清风，你觉得皮肤痒痒的，很性感。突然一股电流钻入身体，突发而至的生命觉知降临，就像灵修境界说的"拙火升腾"，这种体验就在瞬间，很快流逝，却记忆永存。

用色参考：Benjamin Moore 2055-30，2056-30，2057-30

4. 性感色排行榜 4：缁色

这个颜色也许会让人联想到妙玉，意指红尘堪破。也许两者并没有联系，仅因在中国的传统色谱里称其为缁色（黑色略微带点红），东晋时僧人皆穿缁色僧衣，因此"缁衣"又借指僧人。现代称其为巧克力色（苦乐参半），仿佛这个色彩与生俱来就饱含着穿透世情的难言之隐，然而出人意料的是，在现代主义热浪喧嚣的今天，它被设计师评为"最性感的颜色，无可匹敌"。

罗曼·罗兰的经典语："世界上只有一种真正的英雄主义，就是认清了生活的真相后还依然热爱它"。深刻、庄严、隐忍、甜苦参半的缁色尤能将人吸引其中。

用色参考：Benjamin Moore 2114-10，2115-10，2116-10

5. 性感色排行榜 5：裸紫

太多的人恭维这个颜色，因为它非常衬托肤色，无论男女。单纯拿着色卡看的话，它像灰褐色，人们也常常这样简称它，但实际的上墙效果明显带有紫色的色中色。如果这个说法难以理解，那我们不妨换一种说法，它的前身就是紫檀色（历来为帝王将相所珍爱的紫檀木的颜色），通过白色稀释演变成裸色效果，将人的肌肤气质皆衬托得柔美性感，极适合搭配绣花丝绸、天鹅绒和古董银质镜面，营造高雅华丽的氛围。

用色参考：Benjamin Moore 2105-50，2106-50，2107-50

6. 性感色排行榜 6：缎面黑

内涵、优雅、时尚，黑色本身就是风格的同义词。大胆、戏剧化是它的特点，有着"非请莫进"的禁区味道，却也因此魅力非同寻常。黑色丝绸女睡衣、黑色跑车都会让人想到性感，黑色的房间意味着这是一个可以讲述秘密的地方。在空间装饰中可以选择半高光效果的材质，黑亮如漆器，更有线条感，当然，你必须要足够自信才敢运用这个黑色，而这份自信恰恰又是最吸引人的。

用色参考：Benjamin Moore 2131-10，2132-10，2133-10

7. 性感色排行榜 7: 枪灰

枪灰的冷酷正是它时尚、性感的理由，通常冷灰不建议用于室内特别是卧室，但对于喜欢枪灰的人来说，可选择地面全铺地毯、色彩上大量运用瓷白与灰色并大胆引入一点红色点缀、搭配色调丰富的木家具及丝绸织物来增添空间的自然暖感和柔美感，以此营造理性、内敛、性感、细腻的空间。

用色参考: Benjamin Moore 1588，1595，1602

8. 性感色排行榜 8：铜矿红

　　纽约安德鲁马丁奖获奖设计师 Martyn Lawrence-Bullard 说他喜欢用这个颜色涂刷浴室墙面，搭配摩洛哥风格瓷砖营造当代摩尔风情，在这样的氛围下泡个香熏浴，享受美好生活。同时铜矿红也适用于家庭小书斋或图书室。

用色参考：Benjamin Moore 2090-20，2091-20，2092-20

9. 性感色排行榜 9：柿黄

　　明艳的红里含有大量的黄，像中国传统色谱里的黄栌色，让人想起北京香山层林尽染的壮观美景，也有着"黄栌敲碎染秋色"的诗情画意；又像日本柿子鲜嫩柔软的果肉，给人喜悦的秋实感。这是一个很漂亮的背景色，让接近它的其他性感的色彩更出彩，比如深粉色、黄绿色、橄榄绿、湖绿色和婴儿蓝，大气、充满接纳能量的柿黄。

纽约设计师 Vicente wolf 喜欢用这个颜色表达自然理念的火元素
用色参考：Benjamin Moore 2155-10，2156-10，2157-10

10. 性感色排行榜 10：深海蓝

"深海，深海，看那海的深处，那是实现梦想的地方，那是理想的家园。你的眼神，如此深邃，就像一滴缥缈无际的泪，让我越陷越深，无法自拔，直到它渗入我的骨头，融入我的血液，而我将放弃我的肉体，把我的灵魂交给死神，这样我才能永存。"

——《深海长眠》

第 19 届西班牙电影戈雅奖最佳影片《深海长眠》中的画面给观众留下了深刻的印象，镜头里扑面而来的一重重深海蓝，深入每一个人内心最柔软的角落，忧伤却依然充满着爱与希望。

深海蓝是一个神秘、唯美的颜色，低调而大气，能够带领你抵达安宁，用于走道、书房都是不错的选择。与橄榄绿及稻草色相搭，整个空间灵动起来，好比深海里游动的鱼。

图片来源：纽约设计师 Miles Redd 作品
用色参考：Benjamin Moore 2022-10，2056-10，2057-10

11. 性感色排行榜 11：麦黄

一个温润的颜色，像烛光，像那不勒斯湾黄昏时分的阳光。想象自己端着一杯普罗赛克葡萄酒，伫立于海滨别墅的阳台上，沐浴着黄昏时分的阳光，从容、慵懒、惬意、舒放，心醉神迷地享受着原生态的奢华。

图片来源：（左）Savvy Southern Style　（右）*Better Homes and Gardens*
用色参考：Benjamin Moore 199，206，213

12. 性感色排行榜 12：裸粉

女人越来越追求自然美，却绝非追求素面朝天，而是追求一种裸妆的自然感和舒适感。想想玛丽莲·梦露献唱"总统先生，生日快乐"时身上那袭华美的长裙，想想碧姬·芭铎丰满微翘的裸粉色嘴唇，不论男女都认为那是经典的性感象征。裸粉最高明之处是它不挑剔形体，关键看气质。裸粉跟炭灰搭配让优雅更有深度。

用色参考：Benjamin Moore HC-56，HC-58，HC-59

三、色彩与年龄——如何为孩子和老人房间选色

人对色彩的喜好会随着年龄的变化而变化，成人和孩子都一样。某个阶段我们会特别喜爱某些色彩，甚至只喜欢某个特定的色彩，但过了这个阶段我们可能会对自己曾经如此喜欢这些（个）色彩感到好奇，因为无论怎样我们已经不再喜欢。人的色彩感受都是主观的，色彩心理学因地域不同和时代的变迁而有所不同，同时色彩喜好也跟人的身体机能有关，婴儿时期和少年时期的视力不一样，对色彩的喜好也不一样，这就是为什么试验结果表明婴儿在明黄色的房间里哭声最多，而少年人则非常喜爱高饱和度色彩的原因。当人进入老年时，视力日渐衰弱，心理上也会特别惧怕孤单，因此老年人不太适合明度过高的色彩，也不适合明度过低的色彩，原因是前者会刺激他的视力，后者会影响他的心理健康。

1. 孩子房间的用色

一百年前奥地利教育学家及建筑师 Rudolph Steiner（1861—1925）提出这样的观点：

特定的色彩环境能对人的精神和情感产生正面影响，有益于人的身体健康及促进智力发展。2 ~ 7 岁的小孩主要通过对外界的无意识模仿进行学习，运用自然材料的玩具鼓励他们的想象力，从而加强对自然的认知，这个年龄段的小孩喜欢圆形的建筑空间和粉色系的空间色彩；7 ~ 14 岁依然强调情感和想象力的培养，但更注重个性化的培训，这个阶段的小孩喜爱较为亮丽活泼的色彩；14 岁后的青少年阶段主要培养孩子的独立思考能力和判断能力，这个阶段以柔和的绿色和蓝色为主，为的是更好地帮助他们集中精神。

（1）婴儿时期。

以粉色系为主，但纯度太高的色彩会吓到这个年龄段的孩子，令他们的情绪惊恐不安，比如纯红、纯黄和纯橙色会令婴儿无法入睡哭闹不停，同时要避免大面积运用夸张的图案及色彩对比度过大，因为容易对孩子的内在感受造成过度刺激。传统的概念是男婴室用浅蓝色，女婴室用粉红色，但苹果花、蜜桃露、稻草黄和海洋蓝这类颜色会是更理想的选择，这些色彩散发着温暖与宁静，让婴儿在情感上觉得舒适和安全，而且对男女婴儿皆适用。

用色参考：Benjamin Moore 479，2175-70，667，2152-50

（2）幼儿时期。

用色参考：Benjamin Moore 2082-60，
317，556，2058-60，2154-60，577

有时基于环境的实际考虑（比如光线或环境色的影响）及孩子的性格特征，以下这些同属小孩舒适感区内的中明度色彩也是很好的选择，它们的柔和能让孩子感受到爱与安全感。

用色参考：Benjamin Moore 2091-60，982，2157-50，2069-50

图片来源：Benjamin Moore

许多人基于对自然的热爱，都喜欢为孩子学习和睡眠的空间选择蓝色和绿色，但蓝色、绿色都是冷色，且它们的色彩分类很多，在将它们引作房间的主色时需注意以下两点：

第一，绿色对人的心理起镇静作用，但如果整个房间墙面都用绿色的话则会过冷，特别是那些朝南或光线偏暗的房间。相对而言，黄绿色和蓝绿色要比纯绿色效果好许多，蓝绿色对朝北或朝西的房间起到调节室温的作用，新鲜的黄绿色可以通过跟浅橙色或粉红色搭配，实现刺激视觉活力的效果。

第二，如果选用蓝色作为主色（如涂刷墙面），可选用暖色窗帘、地毯或床上用品来搭配，实现色彩温度平衡。通常清澈的天蓝色至中度灰的蓝色都不会让人觉得温度太冷，但深蓝色则不建议用在这个年龄段的孩子的房间，因为色彩明度太低可能会引发小孩做噩梦。

（3）少年阶段。

亮丽活泼的色彩激发孩子的热情和想象力，这个年龄段的孩子喜欢那些让他们精神振奋的颜色，他们开始注重个性化表现，通过他们喜欢的色彩甚至能理解他们的性格特征。

用色参考：Benjamin Moore 2052-30，331，313，1322，
2067-30，606，2006-30，1305，

作为卧室休息空间，这些高饱和度的色彩通常不用作主色，可以作为一面床头背墙或作为家具、织物的用色，主色则以中性色为主。如果功能偏重于学习，各种中明度的蓝绿色是理想首选，辅助搭配一些奶黄色、橙黄色，以活跃空间的氛围。虽然黄色在色彩心理学上能加强人的逻辑性及清晰思考的能力，但必须注意一点：所有的黄色、无论多么浅的黄色，上墙后的效果都比您第一眼看到它时效果更明亮，过多的黄色运用容易让人头痛和易怒。所以提醒大家谨慎大面积使用黄色！还有就是避免选用造型夸张、图案复杂的装饰品，因为容易让孩子分心。

对于专用的儿童社交空间，奇思异想是它的特点，因此饱满的珊瑚红和紫蓝色比较适用。现代色彩心理学赋予紫色创新的地位，说紫色有助于开发左右脑思维（逻辑性及创造性），孩子们在含有一定量的紫色空间中通常能做好自己最感兴趣的事情。相反，饱和度高的红色被认为太过刺激，虽然可以激发孩子们的活力，但对鼓励他们共同合作完成具体目标则不太有利。

在这个注重个性化培训的阶段，可以根据孩子的不同个性选择能吸引他们内心发展的色彩。有些孩子精力旺盛性格外向，他们在色彩鲜艳的地方非常活跃，在他的学习环境中可以运用较柔和的色彩，好让他们能安静下来；对一些精力不是很充沛或性情比较敏感的孩子，通常他们会本能地偏向浅柔的色彩，为激发他们的活力，在他们学习的环境中要运用一些清晰度高的明亮颜色。

关于白和灰两种非彩色的运用：通常不建议使用灰色，因为这是一种缺乏方向感和目的性的颜色；如果在学习环境中单独用白色会显得较冷，可以加入一些粉彩色或明亮的颜色作为点缀。

（4）青少年阶段。

孩子们在这个阶段的主特征是身心成长快速，强调个性表现。他们在成长途中无法避免要经历自我迷失，在一次次的迷失中发现世界，寻找自我，一步步训练和提升他们的独立思考能力和判断能力。他们会认为黑色很酷，黑色可以自我掩饰。但黑色本身不利于青少年的情感发展，因为黑色没有光，所以黑色需要与别的色彩进行合理搭配，比如适当使用少量荧光色能提亮心情，将他们从非现实的隔离感中抽离出来。红色的热情能量是这个年龄段的人所喜爱的，紫色的高贵和神秘也是他们想表现的，但大胆的蓝色和柑橘绿能更好地帮助他们稳定心态。

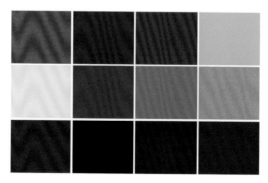

用色参考：Benjamin Moore 2079-30，2067-20，2080-20，2031-30，2022-30，812，2044-20，2017-10，2071-20，2132-10，2117-20，2062-20

美国设计师 Rebecca Robeson 为客户一对 16 岁双胞胎女儿设计的卧室

图片来源：Robeson Design

2. 老人房间的用色

透过色彩这面镜子似乎也能窥见人生是趟循环的旅程：婴儿时期喜欢柔和的粉色，幼儿时期喜欢亮丽活泼的颜色，少年（青年）时期喜欢神秘的黑色系及高饱和度的艳丽色彩，中年阶段开始偏爱中性色系，等迈进老年阶段则重新喜欢上那些柔和的、亮丽活泼的色彩，或中灰度的艳丽色彩。

（1）老年人喜爱的亮丽活泼色彩。

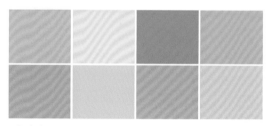

用色参考：Benjamin Moore 1283，305，2175-40，431，1138，585，1404，390

（2）老年人喜爱的中度灰艳丽色彩。

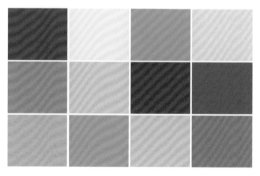

用色参考：Benjamin Moore 2091-30，OC-22，2051-40，1058，433，299，CC-64，2096-30，2073-50，809，2152-40，629

（3）老年人房间选色时的两点不宜。

第一，人随着日渐年迈会产生孤独感和恐惧感，不宜为老人选择太过灰暗的颜色，适当增添色彩可以让老人感知世界的丰富性和生活的乐趣，同时保持积极的认知功能。老年人的房间装饰也应以暖色为主，注重营造温暖、安全与和谐的氛围。如中灰度的红色和橙色喜悦柔和，桃色、杏色、暖棕褐色、陶土色及粉红色有助于促进老年人血液循环；中灰度的蓝色、丁香色、薰衣草色有助于舒展精神灵性，让人在静思冥想中获得身心的安宁。

第二，老年人居所通常不适宜使用单色配色方案，因为老年人的视力很难分辨同一色彩的不同明度、纯度构成的层次。使用对比鲜明的色彩搭配，如深色木家具与白墙形成清晰的对比，再用深琥珀色背景墙作焦点墙，让整体空间色彩鲜明，营造温暖的氛围，对老人日渐衰弱的视力也是一种安全保障。

（4）为老年人的房间选择色彩需要注意的两点。

一是了解老年人的视力对色彩的反应，幼儿阶段喜爱的低纯度浅粉色对于老年人的视力而言，容易觉得刺眼或者无色彩感，而相对饱和的中灰度粉色系更能维持老年人的视觉活力。

二是老年人对色彩的心理感受。在尊重老人喜爱的色彩时也尽可能使用自然的装饰材料，如木质、石材、天然植物花卉要比钢、玻璃、电子产品更有助于老年人保持美好的记忆情怀，保持平常心，安度晚年。

第八章 色彩心理学

本章主要讲述红色、黄色、橙色、绿色、蓝色、紫色、黑色、白色以及中性色在心理学上所代表的含义与其适合的应用范围。

一、红色

1. 色彩含义

（1）知识、勇气、激情、愤怒、力量、危险；

（2）红色是三原色中最具戏剧化的色彩，情感丰富、振奋人心；

（3）正能量的一面：欣荣、澎湃；负能量的一面：暴力、狂热。

2. 色彩应用

（1）红色刺激人的胃口，促进用餐交流氛围，常用于餐厅；

（2）运用中需注意，红色容易让人血压上升；

（3）婴儿第一眼看见的颜色是红色；

（4）粉红色有舒缓降低心理压力的作用，提升人的甜品胃口；

（5）注意掌握比例，运用过量会让人产生幽闭感；

（6）红色与白色搭配更能突显优雅；

（7）在中性色配色方案中，红色是个杰出的点缀色；

（8）红色的互补色是绿色。在相同纯度和相同明度的前提下，两个色彩的视觉权重是相等的。

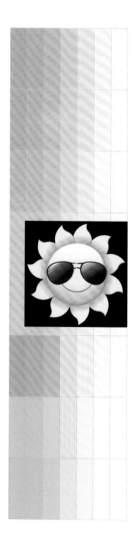

二、黄色

1. 色彩含义

（1）沟通、启迪、乐观；

（2）刺激记忆、开发智力；

（3）焕发正能量、兴奋感。

2. 色彩应用

（1）黄色（颜料）是人的眼睛最难捉摸的颜色；

（2）高纯度的黄色霸气十足，有压迫感，能见度高；

（3）尖锐，让人不安，新生婴儿在黄色房间里哭声最多；

（4）金色（镀金）涂层气势太强，谨慎使用；

（5）黄色在配色方案中所用的材质很关键；

（6）黄色与黑色的家具和饰品相搭配很出彩；

（7）黄色适合朝北的房间，在朝南和朝西的房间涂刷黄色，实际上墙效果会比色卡本身看见的亮度更高；

（8）黄色的互补色是紫色；

（9）金色优雅奢华，适合传统风格；

（10）奶油色源自黄色，适用于创建宽敞、明亮的空间外观；

（11）非正式场合可以用高明度的黄色；正式场合适合用带有一定灰度的黄色。

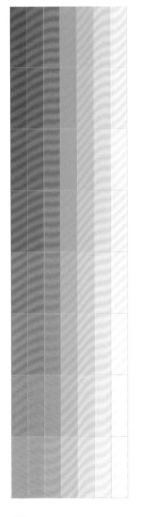

三、橙色

1. 色彩含义

（1）夕阳；

（2）欢乐、奔放；兴奋、大胆、刺激；

（3）好脾气、有知识、安全。

2. 色彩应用

（1）橙色与红色特征接近，但没有红色表现强烈；

（2）自然的橙色能复苏人内在的温暖；

（3）橙色与冷色搭配非常协调；

（4）橙色加白变浅后成桃色，非常衬托人的肤色。

注意：不要在同一个房间里使用相同明度和相同纯度的橙色和黄色。

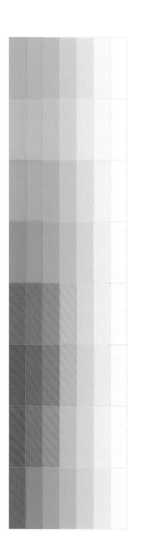

四、绿色

1. 色彩含义

（1）正面含义：自然、宁静、生长、希望、灵性。

（2）负面含义：被动、妒忌、好胜。

2. 色彩应用

（1）大自然的头号色彩，在颜色色彩中是最容易被看见的颜色；

（2）绿色经常被用作主色；

（3）绿色是很好的单色配色方案用色；

（4）绿色能跟任意颜色搭配，包括染色的木材；

（5）白色最能体现绿色的品质；

（6）任意明度和纯度的绿色都可以作为背景色；

（7）当绿色变浅或变灰后，会变得更加宁静；

（8）深绿色彰显优雅和宁静；

（9）绿色用于办公室能助人集中精神；用于卧室能让人放松；

（10）绿色的互补色是红色。

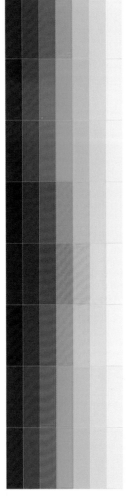

五、蓝色

1. 色彩含义

（1）天空、海洋；

（2）正直、真理，责任、忠诚、节制；

（3）沉着、冥想，稳重、平静；

（4）依据不同的色彩明度和纯度，蓝色的含义可以是清新，可以是神秘，可以代表喜悦，也可以代表忧伤。

2. 色彩应用

（1）单用蓝色会显得太冷，缺乏感情；

（2）蓝色会在不同的光线条件下，呈现出多变的色彩特质；

（3）无论将浅蓝还是深蓝刷于墙面，都有放大空间的效果；

（4）蓝色倘若运用不当会使人感觉很压抑；

（5）蓝色的互补色是橙色。

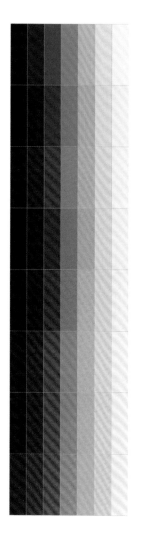

六、紫色

1. 色彩含义

（1）贵族、权力、奢华；

（2）神秘、尊严、激情；

（3）沉着、抚慰、灵感创造力。

2．紫色类别

浅紫色：浪漫、精致、柔弱、羞怯。

深紫色：力量、权力、荣誉、悲剧。

鲜紫色：兴奋、精明世故。

3．色彩应用

（1）薰衣草紫是很受欢迎的一种紫色；

（2）紫色是很有戏剧化效果的一种点缀色；

（3）紫色非常适合用于单色配色方案；

（4）用于卧室有助于睡眠。但大面积应用可能很有戏剧感也可能很让人不安；

（5）紫色会抑制食欲，有助于降低血压；

（6）紫色的互补色是黄色。

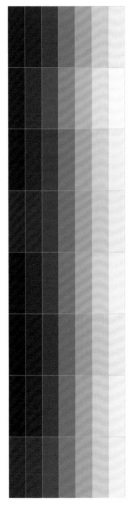

七、黑色

1. 色彩含义

（1）成熟、魔性、神秘、悲伤；

（2）黑色是一个封闭的色彩，防备感强。

2. 色彩应用

（1）大面积使用黑色，容易引人注意但使人压抑；

（2）黑色是个很优雅的点缀色，它传递的是彩色世界以外的另一种热情和内涵。

八、白色

1. 色彩含义

（1）纯洁、清新；洁净、无菌；

（2）不成熟，犹豫不决。

2. 色彩应用

（1）冷色，给人贫瘠、虚空的感觉；

（2）不要将白色和米白相混搭，这会让米白看起来很脏；白色跟奶油色系一样，关系比较难处理；

（3）一个全白的房间会让人感觉紧张，有压力，也会让人视觉疲劳，但一个全白的房间也可能激励你清晰思考。

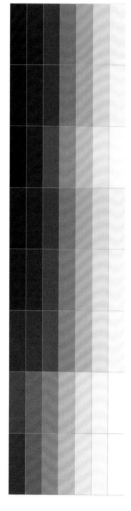

九、中性色

1. 色彩含义

中性色包含灰色、米色、棕色。

（1）灰色：商务用色、理性、忧郁。

（2）米色：大地色，温暖、舒适、稳定。

（3）棕色：大地色，被动而富有感受性。

2. 色彩应用

（1）中性色属于通用色彩；

（2）灰色取决于明度和纯度的高低，可以让人放松也可以让人压抑；

（3）灰色和米色很难搭配；

（4）中性色能承载及反射周边的环境色；

（5）过量使用中性色，会消耗人的能量，让人意念迟钝。

本章图片来源：Benjamin Moore

色彩心理学是将色彩研究导入人类行为学中来。

人对色彩的反应可能出自本能，也可能出于后天的传承。科学研究表明：光的波长能刺激人的大脑及其他的生理系统，大脑受到刺激会反过来影响人的情绪及情感。比如人在蓝色的环境中会感到平静，但一看到红色就会心跳加速。色彩反应同样具备两面性，比如红色既能让人联想到爱、浪漫和激情，也能让人联想到挑衅、愤怒和暴力；蓝色既让人联想到和平又可能让人陷入伤感，绿色既有蓬勃生长又有妒忌排外的含义。而且不同年龄、性别、地区和文化背景的人对色彩的心理反应也会有所不同。

人对色彩的情感反应并非都是天生的，人的一生不断成长、蜕变，所经历的事、遇见的物、交往的人，有积极的也有悲观的，这都可能影响着他对色彩的反应，从而影响他的色彩感知及对色彩的选择。比如一个人在成长期间对卧室的黄色墙壁曾经无比厌恶，终其一生他都可能很讨厌黄色而忽略了一个客观事实：其实黄色是个充满幸福感的色彩！并因此阻碍了他对这个色彩的新尝试，比如将这个黄色适当地引入他家的厨房会是很完美的选择。

从科学和人文的角度理解人对色彩不同的微妙心理感受，将有益于我们更好地将色彩引入设计。

第九章 色彩专访

　　本章内容是根据与深圳市三米家居设计有限公司创始人三米先生及西安 52Hz Studio·Design 主创设计师王铭华先生的采访谈话整理而成。美术科班出身的三米在主攻家装设计的色彩运用上获得广泛好评，其设计的最大特点是让人觉得很快乐，住进去的人很容易就实现人与设计融为一体，可以说三米设计更关注色彩的"可居住性"。而王铭华的用色手法以大胆张扬为特点，他更强调的是一种文化现象的彰显及个性化的表达，就像他常用来描述自己处于美好设计状态时的一句话："关键是要好玩！"。本篇收录了多个三米设计的家装色彩案例及王铭华于 2017 年初完成的一个主题酒店色彩案例，以此呈现他们的设计风格。

三米

王铭华

一、三米篇：色彩感觉，差一点差很远

1. 三米谈色彩应用

（1）色彩规律。

一个设计师要把控好一个空间的色彩需要有美学（美术）的功底，并且知道色彩的原理，另外就是要有很丰富的经验，高品质的东西见多了，自然而然就可以把控好色彩的规律了。那么色彩有哪些规律呢？从大的方面来说：一是邻近色，一是对比色。

邻近色可以说是以冷调为主或者以暖调为主，在冷调和暖调当中寻找适度的色彩明度（这个色彩所处的黑白灰明度），待色彩接近之后，空间里感觉没有特别的色彩刺激眼睛，人在空间就会感觉很舒服。这就是邻近色的应用。

另外一个是对比色，比如红与绿，黄与紫，蓝与橙。对比色同样讲究比例，比如一个空间以绿色为主，那么 80% 的色彩都跟绿色有关，另外点缀一些红色或者黄色，根据二八定律形成冷暖对比（或根据 1 ∶ 3 ∶ 6 的比例选出三色），这样色彩就不会乱，而且能有所跳跃。把视觉中心的颜色跳跃出来是很重要的。有些人会喜欢将沙发、茶几的颜色选得比较素，然后将窗帘的色彩提得亮亮的，这种做法我不是很喜欢，因为窗帘并不是视觉中心，沙发、茶几、电视柜还有沙发后面的那幅画才是客厅的中轴线，要把这些色彩跳跃出来后，人的视觉才会自然而然地落到空间的中心，然后慢慢向四周散开。四周相当于绿叶，这样的设置会更加舒服。当然，这里讲的都是大概，关键要有"色彩感觉"。

（2）色彩感觉。

比如说红配绿，如果没学过色彩学，或者没有经历对色彩明度或纯度变化的长期观察，十个设计师会做出十种不同效果。配得不好就会非常生硬，配得好就非常漂亮。法国印象派画家高更就很喜欢红配绿或橙配绿，他怎么配都很漂亮，这是他的标签。马蒂斯[①]也很喜欢红配绿，也配得非常出彩。有时候色彩感觉差一点就会差很远，这种感觉完全看一个人的色彩修养。为一个空间配色，不管是对比色还是邻近色都应该有个主题，也就说无论选择怎样的配色方案都讲究主次之分，最怕没有主题，东搭西配，永远不会出效果。除了确定主题之外，邻近色和对比色都讲究和谐度，和谐度的把握是很重要的，什么是正品什么是仿冒品也在这里暴露出来，和谐度考验一个人的色彩感觉与色彩修养。

注：①马蒂斯（Henri Matisse, 1869—1954），法国著名画家，野兽派创始人和主要代表人物。

（3）色彩品质。

好的空间每样东西的品质都很重要。比如要做一个以绿色为主题的空间，绿色的墙壁可以平面涂刷涂料，也可以做成艺术效果漆或用灰泥或硅藻泥来体现墙壁的纹理感，但无论从现场还是从拍照的视觉感来说，后者就要比前者更好，一些进口涂料也会比国产的好，这是产品自身的色彩感。又比如说选择织物窗帘的色彩是重要的，但窗帘的材质选择同样非常重要，因为色彩跟材质是有关系的，材质选得好，做出来的颜色饱和度才高。通俗一点讲就是东西的档次上不去色彩感就会减弱，设计师要多看好的作品，多选好的材质，然后掌握一些基本的色彩原理就没有问题。

2. 三米团队作品案例欣赏

案例 1：城市假日花园，完成时间：2014 年。

从餐厅的艺术挂画中引出整体空间的用色构成：蓝、黄、红

客厅　　　　　　　　　　　　　　　　　　　　　　书房

沙发背后的巨幅艺术画作为客厅设定了视觉中心，同时与餐厅区的原桦木屏风从构图到色彩都形成和谐呼应

在长方形客厅靠近窗台与书房处开辟了一个休闲阅读区，用"下沉"创建空间层次，营造趣味感

主卧　　　　　　　　　　　　　　　　　儿童房

案例 2：恒力心海湾花园，完成时间：2012 年。

从地毯色中引出一个配色方案：红橙、黄绿、蓝，一个典型的三等分互补色配色方案

客厅   餐厅

主卧

书房

儿童房与儿童学习阅读区

案例 3：熙湾华府，完成时间：2009 年。

绿色为主，分别以黄绿、绿和蓝绿来营造空间的色彩层次

红（木）色为次，分别体现在家具、挂画和各类陶土红装饰配件上

郁葱的绿团花挂画与钻石面红色琉璃吊灯，紧紧围绕色彩主题进行，天花吊灯孔的绿涂层体现出一丝不苟的细节之美

3. 关于如何选择艺术画

在三米设计团队的作品中，我们经常会看到一些很容易突显出空间的焦点同时又与整体空间非常协调的艺术挂画。那么应该如何更好地选择室内的艺术画作呢？三米先生谈到以下两点：

第一，在为空间选画的时候我们首先要考虑的是定调。到底是对比色还是邻近色？如果要做的是邻近色空间，以蓝色为主，那么这幅画就要是蓝色调的，也就是说画一定要是主色调的一部分。而如果要做的是对比色空间，画就要与对面墙、对角或另外一边形成平衡作用，比如与画相对的是一面很大的绿色墙，那么画的颜色就要是偏红色的，而且应该是线形的而不能选面形的。总体来说一个空间需要有点、线、面、方圆，特别是对比色空间一定要达到平衡，如果对面大，画就要小；如果对面是面形，画就是线形或是点。

第二，关于画的主题。到底这幅画要给业主带来什么感觉？它跟业主的性格、职业、年龄和爱好有关。比如对四十岁以上的客户通常适合选一些简单的、颜色和线条不那么跳跃刺眼的作品。要尊重客户自身的文化背景，比如为广东本土的客户选画时要注意画里面是不是有水、有动物或人的头像，可能在文化习俗里他们一般不会喜欢。而对一些完全缺乏艺术感受力的人群，抽象的东西就该果断放弃，选择一些适合雅俗共赏的作品。而不要选毕加索、马蒂斯的作品，不能是抽象的东西。选画是一个关于艺术修养的课题，过程有许多讲究，有时可能要选很多年才有感觉，这是要训练的。但一旦找到感觉，您会发现这个空间怎么做都是漂亮的。

三米设计作品：圣莫丽斯

三米设计作品：尚德世家

三米设计作品：依云水岸

三米设计作品：天御香山

二、王铭华篇：原来色彩可以这样玩

2015 年的科幻大片《机械姬》里有座清水混凝土、木头、钢和玻璃筑造的房子，是习惯现代设计风格的设计者们一心向往的人居空间，它让人联想起弗兰克·赖特的《流水别墅》，同时集结了密斯·凡德罗、柯布西耶、安藤忠雄的现代建筑精神。对于喜爱野兽派建筑、着魔色彩的王铭华来说，《机械姬》的建筑布局与室内设计赋予了他新的原创动力，他迅速将灵感引入当时正着手打造的一个项目：西安 52 赫兹多感元酒店。

52 赫兹的"机械姬"空间，主要特点是一面充满科幻感的"面光墙"，入住者可以随时随地在上面寻找自己的剪影，充分满足自恋自拍的乐趣

电影、旅行、日常生活都是寻找设计灵感的来源，惧怕低级感的王铭华无时无刻不在寻找燃爆点。他在设计里大玩内建筑格局，通过悬浮、下沉、融入的手法表现内建筑的体量，挑战作为设计师的尺度感；通过相对论、网、水泥罐表达自己的怀旧美学，寻找远逝的儿时玩耍记忆，重温少年伙伴的珍贵情谊；大胆运用高艳色彩呈现不同的国际流行文化元素，有他喜爱的美式复古服饰阿美咔叽、法国马卡龙甜品情怀、摩登派（MOD）文化的时尚蓝与红紫、蒙德里安的红黄蓝与芬迪小怪兽结合在一起的空间体验和浪漫美学梦幻空间；他还将电影"布达佩斯大饭店"的经典复古情怀带进浪漫的布达佩斯空间，又在监狱、和室空间里将暴力美学贯穿其中，总而言之，王铭华的想法就是"打造一个像游乐场那样超级好玩的主题酒店"。

52赫兹的"下沉"空间，通透的空间感、结构的起伏层次及齐全功能的是这个空间的整体特征

52赫兹的"悬浮"空间，特点是悬浮的床、电视装置、会谈桌、吊床、悬浮浴室及透明的树脂茶几，运用纯中性色彩、冷炫的灯光、原始的材质肌理，营造太空般的居住感

52 赫兹的"融入"空间，用鲜艳的色彩、艺术浮雕、穿墙猪雕塑，营造有穿越感的生动空间

52 赫兹"阿美咔叽"空间，一种近乎偏执的审美，用红与黑这组魔鬼配色演绎极致的幸福感、欢愉与爱

52 赫兹"马卡龙"空间，灵感源自在巴黎拉杜丽品尝马卡龙小甜点的美好记忆，转化成"我愿意用尽所有博你一笑"的埃及绿空间

52 赫兹"MOD"空间，熟悉摩登派（MOD）的人一看到月桂树叶这一熟悉的标识，马上就能想起 MOD 派的名言："宁肯不吃饭，也要买衣服"。热爱时尚、解脱无聊乏味、追求趣味性就是 MOD 派的口号，紫红配深蓝正符合跨越性别穿衣传统观点的男女 MOD 们的口味

52 赫兹"小怪兽"空间，内建筑载体在这个空间里表现得极有冲击力，灵感源自搞怪又富趣味性的芬迪小怪兽钱包，黑白与蒙德里安红黄蓝三维色彩世界相对，推向纯粹与极致的体验

52 赫兹"布达佩斯"空间，灵感源自复古美学电影《布达佩斯大饭店》，导演韦斯·安德森凭借此片红遍全球时尚界。梦幻般的粉红色布达佩斯饭店建筑代表老欧洲的浪漫情调，影片用粉红与粉蓝构筑起年轻恋人的整个世界。设计师尝试着将韦斯·安德森的平衡对称美学和高艳色彩美学运用进这一空间的设计中

52 赫兹浪漫美学空间：梦幻

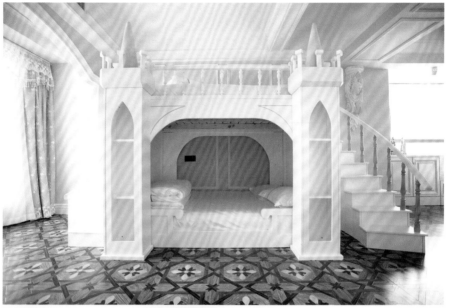

52 赫兹浪漫美学空间：公主

52 赫兹暴力美学空间：和室

52 赫兹暴力美学空间：监狱

52 赫兹怀旧美学空间：水泥罐

　　"水泥罐是童年的记忆，那个时候镇子里到处都有电线杆子和水泥罐，放了学我们大家约好不回家，躲在里面捉蛐蛐、烤地瓜，把大人的呼天叫唤当没听见，特别小雨天的时候，那种感觉更是爽爆了！"

——王铭华

结尾语

无处不在的色彩世界，既是一个现实的世界，也是一个梦幻的世界，这取决于我们对色彩的反应。

色彩的趣味在于它拥有变色龙的特质，会随着环境色的变化而让我们在视觉上觉得它变了，实际上并没有，它只是积极地跟随光的指引、时刻与环境色进行互动，这正是它非常好玩的地方！

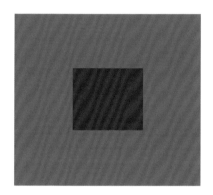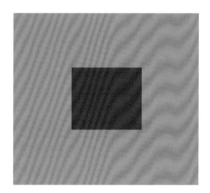

如同样的红色，在绿色背景下远比在橙色背景下看起来明亮得多，仿佛不再是同一个颜色，但理智上我们知道：它们是一样的红色！

著名艺术家和色彩教师约瑟夫亚伯斯说:"色彩课程就是预备好我们被愚弄的过程。"

即使如此，他也希望学生们融入其中，享受这个过程，在观察色彩细微的变化中点亮心智，真正地将眼睛睁开！

——陈牧霖

图书在版编目（CIP）数据

原来色彩可以这样玩·看设计师如何将色彩引入
室内 / 陈牧霖著. —— 南京：江苏凤凰科学技术出版社，
2018.1
　　ISBN 978-7-5537-8793-0

　　Ⅰ．①原… Ⅱ．①陈… Ⅲ．①室内色彩－室内装饰设
计 Ⅳ．①TU238

　　中国版本图书馆CIP数据核字(2017)第306868号

原来色彩可以这样玩·看设计师如何将色彩引入室内

著　　　者	陈牧霖	
项 目 策 划	凤凰空间 / 翟永梅	
责 任 编 辑	刘屹立　赵　研	
特 约 编 辑	段梦瑶	

出 版 发 行　　江苏凤凰科学技术出版社
出版社地址　　南京市湖南路1号A楼，邮编：210009
出版社网址　　http：//www.pspress.cn
总 经 销　　天津凤凰空间文化传媒有限公司
总经销网址　　http：//www.ifengspace.cn
印　　　刷　　北京博海升彩色印刷有限公司

开　　　本　　710 mm×1 000 mm　1 / 16
印　　　张　　11.25
字　　　数　　144 000
版　　　次　　2018年1月第1版
印　　　次　　2018年4月第2次印刷

标 准 书 号　　ISBN 978-7-5537-8793-0
定　　　价　　68.00元

图书如有印装质量问题，可随时向销售部调换（电话：022-87893668）。